中国环境艺术设计学年奖

第九届全国高校环境艺术设计专业毕业设计竞赛获奖作品集

中国环境艺术设计学年奖组织委员会　编

中国建筑工业出版社

中国环境艺术设计学年奖

[编委]

主　编：郑曙旸

编委会：(按姓氏笔画排序)

马克辛	王铁军	王海松	孔繁强	冯　强	吕勤智
齐伟民	闫英林	许　蓁	许东亮	许懋彦	孙　澄
杜　异	李炳华	杨豪中	肖毅强	吴晓淇	张　月
张　昕	赵思毅	赵慧宁	冼　宁	姚　领	郭承波
唐　建	黄　耘	董　赤	董　雅	詹庆旋

[前言]

2011年作为新世纪第二个十年的起始，对于中国的环境设计专业而言具有特殊的意义。由全国高等学校共同搭建的专业交流平台——中国环境艺术设计学年奖，顺风顺水到了第九届，"九"作为最大数象征着成熟和圆满，"九九归一"预示着新的开端。

2011年国家《学位授予和人才培养学科目录（2011年）》由国务院学位委员会和教育部批准印发。在这个新目录中1997年原目录中的"艺术学"由一级学科升级为学科门类，处于二级学科的"设计艺术学"整合一级学科"机械"下属的二级学科"工业设计"，形成艺术门类下的一级学科——设计学。在经过13年的反复论证后，设计学融会人文艺术与科学技术以其独立的概念与完整的架构形成一级学科。至此"环境艺术设计"专业方向可以顺理成章地以"环境设计"的称谓进入设计学旗下的二级学科。

"环境艺术"与"环境设计"本来就是两种不同的概念。即使是"环境艺术设计"在翻译成英语时也只能是"design"而非"Art design"。在英语"design"中除了汉语"设计"动词的基本涵义外，与艺术概念相关的名词内容占了相当的比重。我们很难在现代汉语中找到一个完全对等的词汇。所以才有了"艺术设计"这样一个词组，并以它来代表相关的专业内容。随着时间的流逝，尽管今日中国的决策层和社会大众并不一定完全理解"design·设计"的完整内涵，但专业界对于汉语"设计"的指向已超越了词典释义的范畴。再沿用"艺术设计"的称谓，反而不利于本属于人类完整思维系统——艺术与科学指向中感性与理性两极的统一。

"环境艺术"这种人为的艺术环境创造，可以自在于自然界美的环境之外，但是它又不可能脱离自然环境本体，它必需植根于特定的环境，成为融会其中与之有机共生的艺术。可以这样说环境艺术是人类生存环境的美的创造。而"环境设计"则是建立在客观物质基础上，以现代环境科学研究成果为指导，创造理想生存空间的工作过程。

环境设计以原在的自然环境为出发点，以科学与艺术的手段协调自然、人工、社会三类环境之间的关系，使其达到一种最佳的运行状态。环境设计具有相当广的涵义，它不仅包括空间实体形态的布局营造，而且更重视人在时间状态下的行为环境的调节控制。环境设计比之环境艺术具有更为完整的意义。环境艺术应该是从属于环境设计的子系统。[1]

在这样的形势下，环境设计作为面向生态文明建设的前沿学科，有理由成为中国可持续设计教育在高等学校众多设计学学科的专业前导。由于可持续设计教育的中国战略，是面对三类人群的教育规划。其一：转变价值观念的全民教育；其二：培育全面人格的素质教育；其三：建构生态文明的专业教育。全民教育的重点在于政府与企业的决策高层；素质教育的重点在于综合大学中的设计院系；专业教育的重点在于技术学院中的专业系科。理想的状态是：三足鼎立，交融渗透，互为支撑。从这个意义上讲，"中国环境艺术设计学年奖"的专业导向，和所有参与本项活动的高等学校，都需要从现在开始重新思考各自学科建设的定位与发展。

郑曙旸
2011年10月10日于CA1705航班 AIRBUS319-100客舱

---

1 郑曙旸《环境艺术设计》，北京，中国建筑工业出版社，2007年7月第一版

》目录

建筑设计 001

景观设计 055

室内设计 095

光与空间	城市景观设计	建筑景观空间设计	公共建筑室内设计	居住建筑室内设计
135	157	177	199	221

中国环境艺术设计学年奖

建筑设计

工程方案

金奖

啮合边界——重庆十八梯片区城市空间改造与建筑设计 同济大学建筑与城市规划学院建筑系　　指导老师：王方戟　　学生：李一纯	002

银奖

隐·现——西安湿地公园服务建筑方案设计 华南理工大学设计学院艺术设计系　　指导老师：李莉　梁明捷　郑莉　薛颖　谢冠一 学生：鲁金玉　刘彦希　肖遇缘　杨芊	006
弥浪 北京服装学院艺术设计学院环艺设计系　　指导老师：陈六汀　　学生：王华石	008
体育中心设计／理想与现实 四川美术学院建筑系　　指导老师：华陵　　学生：覃丽婷　柯文德	010
哈尔滨冬季奥林匹克中心规划及体育馆建筑单体设计 哈尔滨工业大学建筑系　　指导老师：罗鹏　史立刚　　学生：薛辰	013
烟台港国际客运中心 南京艺术学院设计学院环境艺术系　　指导老师：卫东风　丁源　　学生：刘晓惠　褚佳妮　姚峰	015
复旧·添新——广州高第街许地保护与更新设计 华南理工大学建筑学院建筑系、城市规划系 指导老师：冯江　苏畅　刘虹　徐好好　　学生：江嘉玮	017

铜奖

二郎镇陶坛酒库及酒文化体验中心设计 同济大学建筑与城市规划学院建筑系　　指导老师：陈强　　学生：陈俊毅	020
交融·互补——小洲村老人院与幼儿园设计 广州美术学院建筑与环境艺术设计学院　　指导老师：杨岩　陈瀚　何夏昀　曾克明　　学生：王璋波	022
冰雪下的"窨"迹——伊通满族自治县幸福村文化站 东北师范大学美术学院环境艺术设计系　　指导老师：王铁军　刘学文　　学生：富尔雅　屈沫　沈金凤	024
泡泡学校——湖南省桃川镇幼儿园方案设计 华南理工大学设计学院艺术设计系　　指导老师：郑莉　梁明捷　李莉　薛颖　谢冠一 学生：何振海　周元　叶雷雷	025
锦绣中华·民俗文化村前广场及核心区建筑设计 华南理工大学建筑学院建筑系、城市规划系　　指导老师：何镜堂　向科　周毅刚　萧蕾　　学生：韦湦春	026
吴冠中美术馆 云南大学艺术与设计学院环境艺术设计系　　指导老师：李晓燕　　学生：沙俊双	027
百越湾休闲度假村 广东工业大学艺术设计学院环境艺术设计系　　指导老师：徐茵　　学生：周航	028
哈尔滨冬季奥林匹克中心规划及建筑单体设计 哈尔滨工业大学建筑系　　指导老师：罗鹏　史立刚　　学生：胡敏思	029

金奖

宁厂古镇规划篇——探索一种对残缺文化的解读方式 四川美术学院建筑系　　指导老师：黄耘 学生：程彬　聂冬超　闫鸿鹏　沈瑶　李宝鹏　宋先锋　易世建	030

银奖

左邻右里——新型预制住宅设计 宁波大学科学技术学院设计艺术学院　　指导老师：查波　　学生：金洁阳　蒋亚萍	034
新七十二家房客——里弄生活的压缩和解压缩 上海大学美术学院建筑系　　指导老师：王海松　李钢　　学生：苏圣亮　黄喆	036
慈溪酒厂旧建筑改造方案 中国美术学院建筑艺术学院环境艺术系　　指导老师：吴晓淇 学生：刘钊　王梦梅　王波　徐国东　张陶然　吕霞菲　刘金晶　于忠孝　洪美思　张燕雯	038

铜奖

叠市井坊——饮马井巷街区更新设计 中国美术学院建筑艺术学院环境艺术系　　指导老师：康胤　　学生：於劲扬　于汶钺　贾瑜鹏	041
折——杭州饮马井巷街区更新设计 中国美术学院建筑艺术学院环境艺术系　　指导老师：康胤　　学生：胡莹　陈俊妥　刘雨田	043

概念创意

铜奖

建水陶记——建水龙窑遗址博物馆设计方案
云南大学艺术与设计学院环境艺术设计系　　指导老师：吴白雨　　学生：楚冲聪　　045

涟漪歌剧院
广州美术学院继续教育学院环境艺术设计系　　指导老师：冯乔　王晖　　学生：张予馨　　046

天空·乐园——细岗社区居民活动中心
广州美术学院建筑与环境艺术设计学院　　指导老师：王中石　　学生：劳卓健　　048

北京ACC建筑与规划设计研究院办公空间设计
北京工业大学艺术设计学院环艺系　　指导老师：张屏　　学生：杨坪　　050

微软城市——山地空间基础设施综合体
同济大学建筑与城市规划学院建筑系　　指导老师：袁烽　　学生：曹颖琳　　051

传统艺术学校设计
北京建筑工程学院　　指导老师：汤羽扬　马英　　学生：段雪昕　　053

景观设计

工程方案

金奖

海珠区景观概念设计——线状景观的思考
广州美术学院继续教育学院环境艺术设计系　　指导老师：冯乔　王晖　　学生：李造　梁乐挺　　056

银奖

大理下山口温泉SPA度假酒店景观设计
昆明理工大学环境艺术设计系　　指导老师：邓薇
学生：何浩　田飞　隋龙龙　杨银冬　唐娟　李洁　游璐　赵慧敏　鞠清华　段淑芳　　060

商业公园——徐州市铜山区北京路商业中心城市设计
同济大学建筑与城市规划学院建筑系　　指导老师：张力　　学生：林晓海　杨满昌　　062

生命密码——重庆荣昌度假区景观规划设计
重庆大学艺术学院艺术设计系　　指导老师：张培颖　　学生：王彩军　　064

溯洄·溯游——从城市废弃城墙段到文化生态遗产廊道
南京艺术学院　设计学院环境艺术系　　指导老师：韩巍　姚翔翔　金晶　　学生：汤子馨　罗晓波　范世忠　　066

铜奖

圆梦——南京民国中央体育场与周边环境的形态整合设计
南京艺术学院　设计学院环境艺术系　　指导老师：卫东风　丁源　　学生：朱春梅　　068

流光·纪年——海洋世界主题公园景观设计
西北农林科技大学艺术系　　指导老师：陈敏　刘艺杰　　学生：李满园　　069

幽·竹林深处有人家
四川音乐学院成都美术学院环境艺术设计系　　指导老师：林泰碧　刘长青
学生：余乾钱　贺雪佼　钟舒　谭龙　　070

竹·韵·怡
重庆大学艺术学院艺术设计系　　指导老师：张培颖　　学生：陈福元　　071

泾渭城市运动公园与景观设施设计
西北农林科技大学艺术系　　指导老师：陈敏　刘艺杰　　学生：郭月祥　　072

金奖

北京朝阳公园边界改造设计
清华大学美术学院　　指导老师：方晓风　　学生：郝培晨　　073

银奖

创意空间与装饰雕塑设计——汉字博物馆设计方案
西北农林科技大学艺术系　　指导老师：刘艺杰　陈敏　　学生：桂绪龙　　077

哈尔滨松花江上游群力新区城市湿地公园景观设计
哈尔滨工业大学建筑学院景观与艺术系　　指导老师：吕勤智　曲广滨　　学生：朱柏葳　　079

恢复遗失的土地
西安建筑科技大学艺术学院　　指导老师：刘晓军　杨豪中　　学生：毕鹏鹏　毛双　张瑞坤　朱玮　武凯　　081

生态乌托邦——城市生态湿地生命体系构建
大连理工大学建筑与艺术学院　　指导老师：唐建　林墨飞　　学生：高兴　　083

交往空间视觉可达性设计研究
清华大学美术学院　　指导老师：郑曙旸　崔笑声　　学生：刘浏　　085

中国环境艺术设计学年奖

概念创意

铜奖

都市绿洲——白鹭洲区域景观改造设计
厦门大学嘉庚学院艺术设计系　　指导老师：叶茂乐　　学生：周艺川　黄君虹　　088

城市代言者——重庆解放碑商业中心区公共空间更新设计
四川美术学院艺术设计学院环境艺术设计系　　指导老师：韦爽真　　学生：王玉龙　程炎青　　089

边界革命：广东省龙川县佗城环城绿道网景观规划设计
华南农业大学林学院风景园林与城市规划系　　指导老师：李敏　　学生：魏忆凭　骆智煜　　090

顶上漫步
四川美术学院艺术设计学院环境艺术设计系　　指导老师：余毅　　学生：王璐　　092

星湖广场景观规划设计
广州美术学院建筑与环境艺术设计学院　　指导老师：朱再龙　　学生：朱涛　　093

交融·演替——黑龙江中俄生态文化旅游岛景观规划与设计
哈尔滨工业大学建筑学院景观与艺术系　　指导老师：邵龙　　学生：李文娇　　094

室内设计

工程方案

金奖

粤文馆
广州美术学院继续教育学院环境艺术设计系　　指导老师：钱缨　　学生：何耀坤　　096

银奖

摩洛哥温泉SPA会所
云南大学艺术与设计学院环境艺术设计系　　指导老师：李晓燕　　学生：顾延佳　　100

广州家具展迪信家具展厅设计
云南大学艺术与设计学院环境艺术设计系　　指导老师：李晓燕　　学生：郝晓康　　102

主角空间
吉林建筑工程学院艺术设计学院　　指导老师：李继来　　学生：付佳　　104

光影山水——综合书吧室内环境设计
江南大学设计学院建筑／环艺学群　　指导老师：姬琳　　学生：龚婧嘉　　106

铜奖

艺蜗居——小户型室内空间延伸设计
合肥工业大学建筑与艺术学院艺术设计系　　指导老师：陈新生　汪利　　学生：徐霞　　109

草木间——情感主题体验酒店设计
江南大学设计学院建筑／环艺学群　　指导老师：宣炜　　学生：刘光　　110

水运人家淮菜馆——清江电机厂厂房改造
淮阴工学院　　指导老师：王迪　林磊　朱洁冰　　学生：金翔　马灵童　朱宁　　112

北京帝海集团"蝶"会所设计
北京工业大学艺术设计学院环艺系　　指导老师：王叶　　学生：王雅洁　　113

海口南方海岸度假酒店实施设计方案
广州大学美术与设计学院艺术设计系　　指导老师：韩放　　学生：赵粤强　　114

金奖

龙虎山悬棺博物馆
广州美术学院美术教育系　　指导老师：黄锐刚　陈少明　　学生：黄渊楚　张东明　　115

银奖

流动·未知·极线构成主义自助西餐厅室内设计方案
东北师范大学美术学院环境艺术设计系　　指导老师：王铁军　刘学文　刘治龙　郭秋月　　学生：邢斐　　119

城市未来·生活体验馆
内蒙古师范大学美术学院　　指导老师：海建华　王欣远　李东升　王伟　　学生：靳学亮　　121

鲁间堂——概念会所中心
广东工业大学艺术设计学院环境艺术设计系　　指导老师：徐茵　　学生：袁龙长　许焕伦　　123

漠痕酒店设计
内蒙古师范大学国际现代设计艺术学院　　指导老师：杨正中　　学生：陈雅娜　　125

铜奖

舞动印象 艺术主题酒店
内蒙古师范大学国际现代设计艺术学院　　指导老师：杨正中　　学生：李建国　　127

呼和浩特市长途客运站改造方案
内蒙古师范大学国际现代设计艺术学院　　指导老师：谷彦彬　　学生：田雅星　　128

概念创意

铜奖

Life cheers 素食馆
东北师范大学美术学院环境艺术设计系　　指导老师：王铁军　刘学文　　学生：刘绍洋　　129

"Face To Face"交际网络娱乐空间设计
宁波大学科学技术学院设计艺术学院　　指导老师：查波　　学生：甘雯雯　　130

明式家具展览馆
广州美术学院美术教育系　　指导老师：黄锐刚　陈少明　　学生：林凯佳　潘锦华　　131

激进与平和工作室设计
东北师范大学美术学院环境艺术设计系　　指导老师：王铁军　刘学文　宿一宁　　学生：董伟　　133

光与空间

金奖

故宫慈宁宫天然光展陈设计项目
清华大学建筑学院　　指导老师：张昕　　学生：夏君天　　136

银奖

INVISIBLE BRIDGE
华东师范大学设计学院　　指导老师：马丽　　学生：朱瑛　　140

西山创意产业基地照明规划设计
北京理工大学设计与艺术学院　　指导老师：马卫星　　学生：张璐　　142

图文信息中心
重庆大学建筑城规学院　　指导老师：杨春宇　刘剑英　吴静　　学生：罗斌　余嘉琪　陈果　　144

昆明翠湖公园夜景照明设计
西南林业大学艺术学院　　指导老师：李锐　徐钊　夏冬　郑绍江　　学生：任禄文　丁洁　袁媛　　146

铜奖

VESSEL WARD
北京建筑工程学院　　指导老师：金秋野　　学生：段雪昕　孔迪　潘维佳　　148

梦幻光庭——教堂改扩建设计
重庆大学建筑规划学院建筑技术系　　指导老师：杨春宇　吴静　　学生：周晓宇　于骁原　秦岭　　149

INCEPTION—新概念体验馆设计
浙江工业大学之江学院创意设计分院环境艺术系　　指导老师：吕微露　　学生：王韦航　　151

滨海广场景观照明设计
大连理工大学建筑与艺术学院　　指导老师：唐建　林墨飞　霍丹　　学生：于笑吟　　153

Seven-To-Seven 快捷酒店
东北师范大学美术学院环境艺术设计系　　指导老师：王铁军　刘学文　　学生：富尔雅　沈金凤　　154

城之暮光——现代艺术中心设计
广东工业大学艺术设计学院　　指导老师：胡林辉　吴傲冰　陈洋子　　学生：蔡水松　陈伟良　林辉　　155

城市空间景观设计

金奖

林风·湖韵——长兴太湖湿地公园设计
中国美术学院艺术职业技术学院　　指导老师：徐卓恒　　学生：程意　谢陈杨　陈志伟　徐鑫　　158

银奖

"双城记"——重构遗落的记忆
顺德职业技术学院设计学院　　指导老师：周峻岭　谢凌峰　彭亮　周炎
学生：陈盟普　彭智新　徐子淇　黎梓婷　李凯发　　160

蜿曲·重庆渝北大盛镇生态湿地公园景观规划设计
重庆工商职业学院传媒设计系　　指导老师：龚芸　张佳　葛璇　　学生：陈龙　向唯薇　李静　　161

悟境
中国美术学院艺术职业技术学院　　指导老师：胡佳　陈琦　　学生：林佳冲　余思娇　邓琪　朱琳琳　　162

铜奖

徐州市彭祖园景观改造方案
无锡工艺职业技术学院环境艺术系　　指导老师：李淑云　沈玲　　学生：吕理泉　　163

佛山中央公园
广州工程技术职业学院艺术与设计学院　　指导老师：王勇　　学生：黄能雄　　164

中国环境艺术设计学年奖

最佳概念创意奖

铜奖

意趣
中国美术学院艺术职业技术学院　　指导老师：胡佳　陈琦
学生：丁峰　徐志才　胡双双　胡星星　朱怡　周鲁斌　　　　165

重生——番禺火烧岗垃圾填埋场景观再造
广东轻工职业技术学院艺术设计学院环境艺术设计系　　指导老师：叶炽坚
学生：王一江　关沛晶　侯志敏　　　　166

侵华日军第七三一部队遗址公园景观设计
黑龙江东方学院建筑工程学部　　指导老师：赵立恒　李岩　学生：于天瑞　　　　167

最佳工程方案类

金奖

松潘古城景观规划设计
重庆工商职业学院传媒设计系　　指导老师：陈一颖　徐江　冉欢
学生：向守虎　罗谢稷　李宇霞　文宝川　　　　168

银奖

重庆工商职业学院合川校区景观规划设计
重庆工商职业学院传媒设计系　　指导老师：徐江　陈一颖　邓晓霞　学生：刘欣　黎远芬　杨欣欣　文琦　　　　170

新生"轨""迹"——广州旧南站纪念园规划与设计
广东轻工职业技术学院艺术设计学院环境艺术设计系　　指导老师：兰和平　学生：何俊腾　黄兆攀　麦有民　　　　171

跨界·共享——京珠高速瓦窑岗服务区设计方案
广东轻工职业技术学院艺术设计学院环境艺术设计系　　指导老师：陈洲　黄帼虹
学生：郭邦楠　李龙记　周醒凤　　　　172

铜奖

水木·明瑟——汕尾市金宝城扩初设计方案
江西环境工程职业学院设计学院　　指导老师：黄文华　唐石琪　欧俊锋　学生：徐娜　李阳梅　　　　173

尘嚣中的回归之旅——韶关乳源天井山景观规划设计
广州大学市政技术学院　　指导老师：林丹丹　学生：孔华强　　　　174

南京市六合区园林市民广场景观设计方案
南京铁道职业技术学院艺术设计系　　指导老师：张秋实　牛艳玲　张弢　学生：丁晓琳　　　　175

南沙区黄山鲁森林公园碧水廊设计
广州大学市政技术学院　　指导老师：毕辉　学生：黄树欢　　　　176

建筑空间景观设计

金奖

都市神经元异想图
中国美术学院艺术职业技术学院　　指导老师：陈琦　胡佳　学生：周琼　周丽婷　周婷婷　王朋　骆晓欢　施丹薇　　　　178

银奖

间·格·码头——广州太古仓码头机动性展览建筑设计
广东轻工职业技术学院艺术设计学院环境艺术设计系　　指导老师：尹杨坚　尹铂　赵飞乐　学生：何文珠　　　　180

蝶变　主题精品酒店设计
广东轻工职业技术学院艺术设计学院　环境艺术设计系　　指导老师：彭洁　学生：何敏仪　　　　181

饮水思源——河源紫金县祠堂街规划改造方案
广东文艺职业学院艺术设计系　　指导老师：王莎莉
学生：许派彬　林圣超　王淑君　朱莹莹　彭燕　陈洁仪　黄红英　尤全体　　　　182

最佳概念创意奖

铜奖

非对称的浪漫
重庆教育学院美术系　　指导老师：庞杏丽　学生：何清平　潘锐　欧阳良雨　　　　183

2020 在郑东新城的实验
广东科学技术职业学院　　指导老师：张敏学　谢青　王蕾　梁春阁
学生：吴茂林　刘建林　练炜诚　李锡珍　马明坚　　　　184

守望者
顺德职业技术学院设计学院　　指导老师：周峻岭　谢凌峰　周炎　彭亮　学生：黎梓婷　李凯发　　　　185

哈尔滨冰雪艺术文化中心
黑龙江东方学院建筑工程学部　　指导老师：张剑锋　刘杰　学生：刘欣　　　　186

Z-zoom——大学生活动中心方案设计
广东科学技术职业学院　　指导老师：王蕾　张敏学　学生：包方林　潘建斌　邓文桓　罗小花　　　　187

最佳工程方案奖

金奖
衍生——黄水假日森林度假区
重庆工商职业学院传媒设计系　　指导老师：刘更　龚芸　陈一颖　　学生：桑见　刘珏　李佩　谭振　　188

上磨村'保护与发展'修建性详细规划
重庆工商职业学院传媒设计系　　指导老师：尹永恒　陈倬豪　羽露
学生：柏爽　李琳　唐雅南　岳小群　　190

银奖
水木·印象会所俱乐部设计
广东轻工职业技术学院艺术设计学院环境艺术设计系　　指导老师：周春华
学生：刘成荫　吴天秀　祝廷山　　191

雨的印记 主题餐厅设计
广东轻工职业技术学院艺术设计学院环境艺术设计系　　指导老师：彭洁　学生：周敏菲　　192

铜奖
万泰新宇建筑景观设计
浙江育英职业技术学院艺术设计与人文系　　指导老师：王琼　徐群英　学生：林海芳　　193

江苏省钟山干部疗养院
南京铁道职业技术学院艺术设计系　　指导老师：牛艳玲　赵婧　张秋实　学生：朱青　　194

珠海市高新区金鼎文化中心规划·建筑方案——形的汇聚 神的传承
广东科学技术职业学院　　指导老师：王蕾　关云飞　郑育鹏　陈锦通　谢青　梁春阁
学生：袁思元　邹国栋　何海康　邓智强　　195

南京仙林节能减排与污染控制研发中心景观设计
南京铁道职业技术学院艺术设计系　　指导老师：张秋实　牛艳玲　张弢　学生：孙乐　　196

国家能源火电节能减排与污染控制研发中心景观设计
南京铁道职业技术学院艺术设计系　　指导老师：赵婧　牛艳玲　张秋实　学生：陈艳　　197

公共建筑室内设计

最佳概念创意

金奖
自然之声——环保主题博物馆
广东轻工职业技术学院艺术设计学院　环境艺术设计系
指导老师：尹杨坚　尹铂　赵飞乐　学生：梁明智　　200

银奖
融积——低碳海洋生态馆
中国美术学院艺术职业技术学院　　指导老师：施徐华　学生：姜卉　金琼霞　雍青　李正孝　　202

簇拥——儿童游乐园设计
广东文艺职业学院艺术设计系　　指导老师：李晓玲　学生：麦杜楠　陈国华　杨辉龙　杨程丽　徐婉瑜　　203

醇醉——红酒会所
中国美术学院艺术职业技术学院　　指导老师：赵春光　学生：朱怡晨　陈琳　褚丹婷　徐燕娜　任捷　　204

铜奖
西仓——渡假酒店会所设计方案
中国美术学院艺术职业技术学院　　指导老师：赵春光　学生：唐文杰　林津津　周荣武　吴析　詹俊杰　　205

众所周知
中国美术学院艺术职业技术学院　　指导老师：陈琦　胡佳
学生：林佳冲　邓琪　林燕燕　朱琳琳　李天辰　　206

辛亥革命纪念馆
广东轻工职业技术学院艺术设计学院　环境艺术设计系
指导老师：尹杨坚　尹铂　赵飞乐　学生：赖筠馨　　207

琴意·"瓣"侣
深圳技师学院设计系　　指导老师：李验　吴成军　冷国军　学生：吴心鸿　　208

"踏雪寻梅"展厅设计
广东文艺职业学院艺术设计系　　指导老师：陈旋　陈纲　学生：颜炜煌　杨嘉怡　黎慧娴　林雄山　　209

金奖
"梦蝶"主题酒吧餐厅设计
广东轻工职业技术学院艺术设计学院　环境艺术设计系　　指导老师：兰和平　彭洁　学生：蔡文杰　　210

银奖
花韵 膳宿旅馆
广东轻工职业技术学院艺术设计学院　环境艺术设计系　　指导老师：彭洁　学生：陈惠华　　212

中国环境艺术设计学年奖

最佳工程方案类

银奖

"霏花倩影"主题餐厅酒吧设计
广东轻工职业技术学院艺术设计学院　环境艺术设计系　指导老师：张晓晴　学生：梁荣涛　刘健军　213

极速空间——杭州地铁一号线工程控制中心室内设计
浙江育英职业技术学院艺术设计与人文系　指导老师：徐群英　王琼　学生：杨春华　214

铜奖

慈溪市文化商务区大剧院室内设计
浙江育英职业技术学院艺术设计与人文系　指导老师：王琼　徐群英　学生：吕振南　215

灵动——SMART广告创意设计公司办公室设计
广东轻工职业技术学院艺术设计学院环境艺术设计系　指导老师：彭洁　学生：张伟超　钟冠姿　216

概念画廊
广东轻工职业技术学院艺术设计学院环境艺术设计系　指导老师：尹杨坚　尹铂　赵飞乐　学生：黄师展　217

盛世嘉园——售楼空间设计
江西环境工程职业学院设计学院　指导老师：欧俊锋　唐石琪　学生：张焱平　李云云　218

吉斯家具展示
广州工程技术职业学院艺术与设计学院　指导老师：陈婕娴　王金瑞　学生：冯海华　219

宝玑手表旗舰店设计
顺德职业技术学院设计学院　指导老师：汤强　张俊竹　学生：邹明智　黄献葵　220

居住建筑室内设计

最佳概念创意

金奖

丝语谧境
广西生态工程职业技术学院艺术设计系　指导老师：罗炳华　学生：黄达琦　222

银奖

"巢"别墅设计
广东轻工职业技术学院艺术设计学院　环境艺术设计系　指导老师：彭洁　学生：巫玉敏　224

简爱巢
广西生态工程职业技术学院艺术设计系　指导老师：罗炳华　学生：钟泽桃　225

砖情
广西生态工程职业技术学院艺术设计系　指导老师：罗炳华　学生：杨小丽　226

铜奖

哈尔滨科技大厦室内设计
黑龙江东方学院建筑工程学部　指导老师：李岩　张梦　学生：佟金玲　227

我的美好生活——设计类毕业生居所设计
广东文艺职业学院艺术设计系　指导老师：尹杨平　学生：林小艳　228

秋韵
广西生态工程职业技术学院艺术设计系　指导老师：罗炳华　学生：黄丽娜　229

哈尔滨科技创新大厦室内设计
黑龙江东方学院建筑工程学部　指导老师：赵立恒　张梦　学生：范德利　230

蜗居
广东文艺职业学院艺术设计系　指导老师：任鸿飞　学生：李秋菊　吕丽彬　231

金奖

流溪小筑——居住空间设计
广东轻工职业技术学院艺术设计学院　环境艺术设计系
指导老师：尹杨坚　尹铂　赵飞乐　学生：黄健　232

银奖

中式情结·新领地 居住空间样板房
广东轻工职业技术学院艺术设计学院　环境艺术设计系　指导老师：彭洁　学生：梁家晟　234

塞纳河畔花园——C1阿拉伯风格板房设计
广州工程技术职业学院艺术与设计学院　指导老师：王金瑞　陈婕娴　学生：卢文就　235

珠江帝景住宅设计
广州工程技术职业学院艺术与设计学院　指导老师：王金瑞　陈婕娴　学生：林婷婷　236

铜奖

竹韵——月岛花园中式样板房设计
广州大学市政技术学院　指导老师：程郁　学生：张浩鑫　237

最佳工程方案

铜奖

丽水佳园设计方案
江西环境工程职业学院设计学院　　指导老师：刘定荣　龚宁　　学生：罗曼　　　　238

学生生活区规划与建筑设计
闽西职业技术学院资源工程系　　指导老师：江星　　学生：伍麟超　　　　239

金碧华府曾先生雅居设计
成都艺术职业学院环境艺术系　　指导老师：申莎　　学生：曾朝贵　　　　240

嘉兴汇龙苑
江西环境工程职业学院设计学院　　指导老师：黄金峰　唐石琪　　学生：张媛媛　　　　241

Autodesk最佳空间创意设计奖

金奖

北京帝海集团"蝶"会所设计
北京工业大学艺术设计学院环艺系　　指导老师：王叶　　学生：王雅洁

银奖

光影山水——综合书吧室内环境设计
江南大学设计学院建筑／环艺学群　　指导老师：姬琳　　学生：龚婧嘉

水运人家淮菜馆——清江电机厂厂房改造
淮阴工学院　　指导老师：王迪　林磊　朱洁冰　　学生：金翔　马灵童　朱宁

海口南方海岸度假酒店实施设计方案
广州大学美术与设计学院艺术设计系　　指导老师：韩放　　学生：赵粤强

铜奖

百越湾休闲度假村
广东工业大学艺术设计学院环境艺术设计系　　指导老师：徐茵　　学生：周航

主角空间
吉林建筑工程学院艺术设计学院　　指导老师：李继来　　学生：付佳

梦之曲——西餐厅餐饮空间设计
长春建筑学院　　指导老师：于哲　　学生：曹阳

鲁间堂——概念会所中心
广东工业大学艺术设计学院环境艺术设计系　　指导老师：徐茵　　学生：袁龙长　许焕伦

明式家具展览馆
广州美术学院美术教育系　　指导老师：黄锐刚　陈少明　　学生：林凯佳　潘锦华

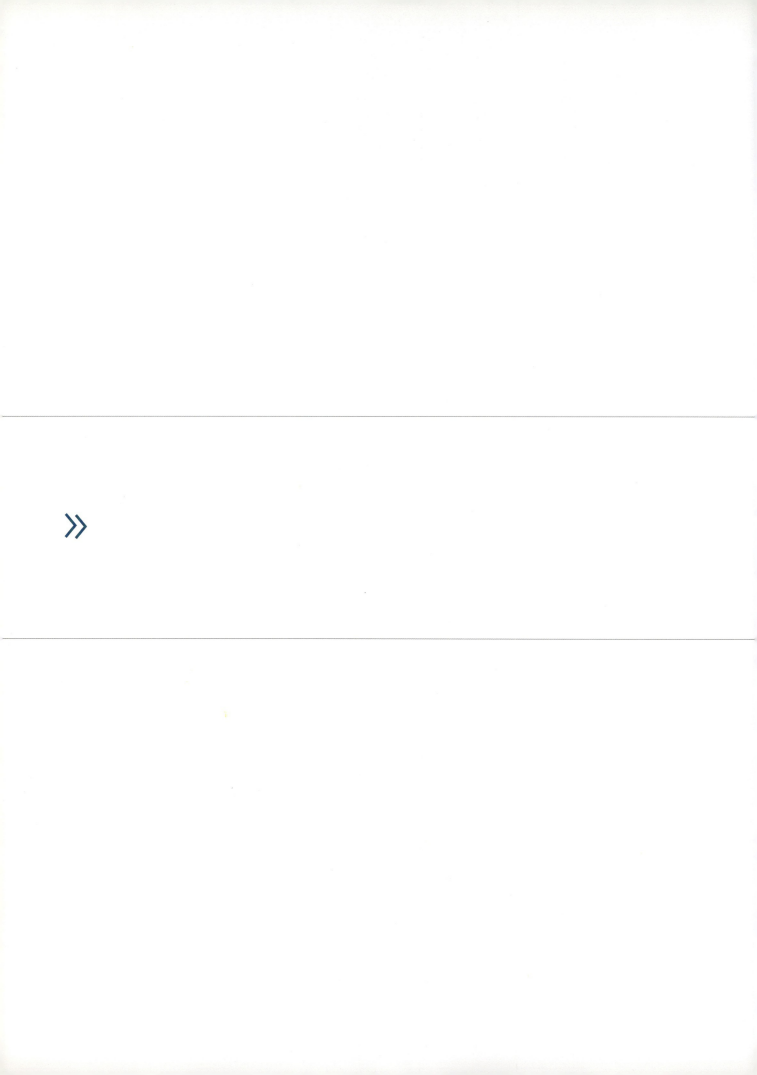

建筑设计

学校：同济大学建筑与城市规划学院建筑系　　指导老师：王方戟　　学生：李一纯

啮合边界
Shift the Border
重庆十八梯片区城市空间改造与建筑设计 060441 李一纯 指导老师：王方戟 孙彤宇 袁烽

204m绝对标高处平面图 1：200

啮合边界
Shift the Border
重庆十八梯片区城市空间改造与建筑设计 060441 李一纯 指导老师：王方戟 孙彤宇 袁烽

207m绝对标高处平面图 1：200

点评人：王方戟　同济大学建筑与城市规划学院建筑系教授

点　评：重庆十八梯地区是一个居住与商业混合的充满活力的地区。那里的空间交错、叠加、曲折、狭窄。该设计用现代的语言及手法再现了这个地区的这种功能及空间品质。在概念清晰的同时，设计也要有完美的功能、私密与公共性恰当分合、地形落差的自然顺应、并保持恰当的尺度。这些相互制约因素之间的平衡是通过无数次磨合获得的，方案的设计深度也由此而来。

学校：同济大学建筑与城市规划学院建筑系　　指导老师：王方戟　　学生：李一纯

啮合边界
Shift the Border
重庆十八梯片区城市空间改造与建筑设计　060441 李一纯　指导老师：王方戟 孙彤宇 袁烽

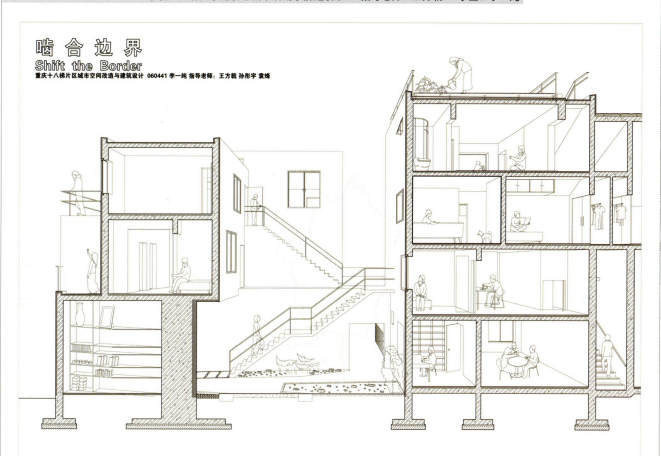

局部节点剖面 1:30

啮合边界
Shift the Border
重庆十八梯片区城市空间改造与建筑设计　060441 李一纯　指导老师：王方戟 孙彤宇 袁烽

本次设计基地位于重庆主城区（渝中区下半城十八梯片区），紧临长江滨江地带，地块所处的区域集中了丰富的历史文化和景观资源，是城市重点控制区。片区内既有良好的传统民居建筑，也有与山区自然地形紧密结合的城市空间。山地城市特有的"竖街"，是连接城市与流水空间（码头）的重要通道，梯道、平台、堡……展示了城市空间与市民的生活状态，建筑退台、吊脚、架空……反映出建筑与地形的有机结合，是重庆山地传统历史文化的典型代表。

十八梯的空间特征集中于其高差显著的地形带来的纵向变化以及高密度建筑带来的拥挤感。在本小组非整体性改造的策略前提下，本人选取了地块中富于复杂性的一个地块——街道转角集中进行改造。通过建造一个高密度建筑与人们相互交织在一起的场所，打造一个适应现代生活模式，同时保留十八梯原有空间特质的城市景象。

通过前期对于十八梯空间类型，尤其是其中非正式（informal）空间的研究，我发现当地空间的趣味性主要体现在实体与实体挤压出的缝隙中。由此在形态操作上我有意融入了能够延续保留部分拥挤感特质的折叠界面，并以此作为设计的切入点。同时，考虑到游客和商业的大规模引入，在两者的博弈后采用了尽量减少商业面貌失的形态操作手法。

建筑的功能上，A、B、C三个地块分别由于其相邻建筑的性格姿态不同，分别被赋予了商业居住混合，商业艺术混合，商业学校混合的复合功能。这样的功能是基于本小组设计阶段的结论，即引入游客同时对内部核心居住部分进行发展性保护的策略决定的。守备街向下回水沟将成为十八梯片区的商业中心，而商业如何与当地居民的生活相"啮合"将成为本次设计的关键。

基地现状

总平面图 1:500

中国环境艺术设计学年奖

学校：同济大学建筑与城市规划学院建筑系　　指导老师：王方戟　　学生：李一纯

啮合边界
Shift the Border

重庆十八梯片区城市空间改造与建筑设计　060441 李一纯　指导老师：王方戟 孙彤宇 袁烽

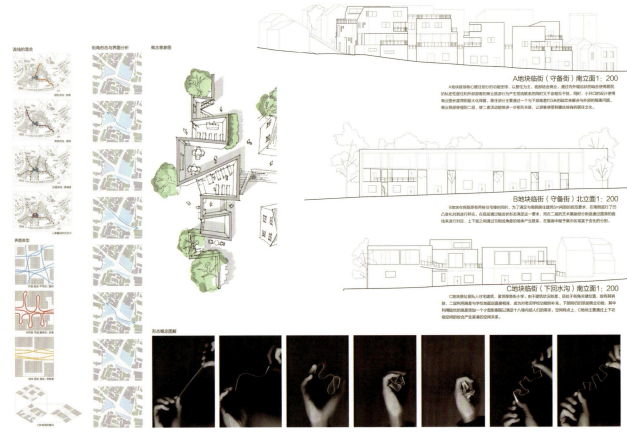

A地块临街（守备街）南立面1:200

A地块延续核心居住部分的功能安排，以居住为主。底部结合商业，通过内外错动状的啮合使得居民的私密性居住和外部游客的商业旅游行为产生视线联系的同时又不会相互干扰。同时，小开口的设计使得商业部分变得到强大化保留，居住部分主要通过一个与下部隔层的5米的错动来解决与外部的隔离问题。商业局部穿插到二层，使二者活动能够进一步相互关联，让游客感受到重庆独特的居住文化。

B地块临街（守备街）北立面1:200

B地块在拆除原有两栋住宅楼的同时，为了满足与南侧居住建筑5m间距的规范要求，在南侧进行了凹凸变化对其进行呼应。在底层通过错动的状态形态满足这一要求，而在二层的艺术展廊部分是通过蜿蜒的曲线来进行对应，上下层之间通过写相似角度的墙体产生联系。在展廊中凸显展示区域至于变化的分割。

C地块临街（下回沟）南立面1:200

C地块原址是私人住宅建筑，紧邻厚德胎小学。由于建筑状况欠佳，且处于街角关键位置，故将其拆除，二层利用屋顶与学校地面延展相连，成为对老旧学校功能空间的补充。下部的凹陷加商业功能，其中利用随梯的高差增加一个小型影视厅以满足十八梯内部人们的需求。空间特点上，C地块主要通过上下功能空间的啮合产生紧凑的空间关系。

啮合边界
Shift the Border

重庆十八梯片区城市空间改造与建筑设计 060441 李一纯 指导老师：王方戟 孙彤宇 袁烽

C-C剖面图 1:100

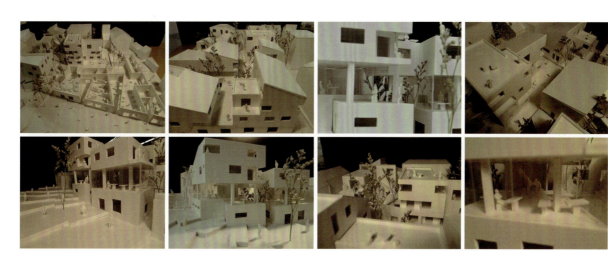

B-B剖面图 1:100

A-A剖面图 1:100

中国环境艺术设计学年奖

学校：华南理工大学设计学院艺术设计系　　指导老师：李莉　梁明捷　郑莉　薛颖　谢冠一
学生：鲁金玉　刘彦希　肖遇缘　杨芊

總體規劃設計
Overall Planning

項目概況
Project Overview

1 地理位置 Location

濕地公園位於西安市東北近郊
東經107°40′～109°49′
北緯33°39′～34°45′之間
Wetland Park located in the northeast suburbs of Xi'an

2 自然條件 Natural conditions

西安地區位於華北地區西部的渭河斷陷。屬于渭河沖積平原，由于沉沙沖積作用，其地表起伏具有很強烈感，灘塗地帶地勢起伏較為明顯，丰富多變，土壤表層為泥質粉砂，下為細中沙含礫石，透水性良好，适宜坡地土建築。

Xi'an is located in north western area of Weihe fault depression.Belongs to the Wei River alluvial plain, the role of the alluviasediment, the surface textureas a strong sense of relief Obvious tidal zone terrainrich and varied. Soil surtace is muddy silt, fine in the sand under the gravel, water per-meability, suitable to cover soil slope construction.

3 氣候條件 Climatic conditions

該地屬暖溫帶半濕潤大陸性季風氣候，四季分明，夏季炎熱多雨，冬季寒冷少雨雪，春秋時有連陰雨天氣出現。

There is a warm temperate semi-humid continental monsoon climate. Four se-asons,summers are hot and rainy, cold and less snow in winter, spring and rainy weather w-hen even appear.

1) 年均气温：13.1～13.4℃
2) 極端最高/極端最低气温，35～41.8℃/-16～-20℃
3) 年平均降水量：584mm
4) 日最大降水量：188mm

全年以7月最热，月平均氣溫26.3℃，月平均最高气温32℃左右；1月最冷，月平均气温-0.9℃，月平均低气温-4℃左右，年較差達26～27℃。降水年際變化很大，多雨年新少雨年最大差值可達590 mm。年平均相對湿度70%左右。

降水的季節分配极不均勻，有78%的雨量集中在5～10月，其中7～9月的雨量即占全年雨量的47%，且時有暴雨出现。
春暖花開的3~5月和秋高气爽的9~11月是到西安旅游的最佳季节。

The annual average temperature and the suburbs of Xi'an 13.3 ℃. The highest temperature 35 - 41.8℃; extreme minimum -16 - -20 ℃. The hottest year in July, the monthly average temperature of 26.3 ℃, monthly mean maximum temperature about 32 ℃; January the coldest, The mean temperature of -0.9 ℃, monthly mean minimum temperature of -4 ℃ or so, the annual range of 26 ~ 27 ℃.
Rainfall over large, wet and dry years, the maximum difference in rainfall up to 590 mm.Annual average relative humidity of 70%.Annual average wind speed 1.8 m / s, annual prevailing wind direction is northeast.
Very uneven seasonal distribution of precipitation, 78% of the rainfall concentrated in the 5 to 10 months, of which 7 to 9 months of rainfall Representing 47% of annual rainfall, and when heavy rain occurs.The spring from March to May and September to November is the autumn of the best tourist season in Xi'an.

4 色彩分析 Color analysis

建筑的色彩必须突出地域特色并且与周围的建筑相协调。西安众多的历史遗存建筑中，灰色是构成西安城市特色的重要组成部分，符合西安的古都特色：土黄色平和、稳重，是典型的关中地方色彩，也是西安人尊崇的颜色；褐石色是汉唐建筑木作色彩的主色，形成了以唐建筑庄重、典雅、鲜明的建筑色彩。灰色、土黄及褐石色秉作为西安城市建筑的主色调，体现古都西安近郎的历史文化氛围和鲜明的地域色彩。

Construction necessary to highlight the regional characteristics of color and harmony with the surrounding buildings. Xi'an, the historical rema-ins of many buildings, gray city of Xi'an features constitute an important part of the ancient capital of Xi'an characteristics consistent peaceful, stable, is a typical relationship in the local color. The color is also revered in Xi'an; ocher color is the Han and Tang Dynasties The color of the m-ain color of timber, forming a solemn Han and Tang architecture. elegant and distinctive architectural color. Gray, yellow and ocher soil of Xi'-an city building as the main colors, reflecting the rich history and culture of the ancient capital of Xi'an, atmosphere and distinctive local color.

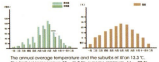

5 場地現狀 Site Status

基地位於濕地公園的東南方向，該地山勢高低不一，在河流的西邊山勢縱橫交錯，起伏疊嶂，東邊地勢平緩有灘塗，河流在開闊有灘塗，流速有緩有急，適合漂流。

Base is located in southeastern wetland park hill, base in river height is differ, west hill crisscross, ups and downs overlap, east is gently topography have beaches, Rivers have open have narrow, velocity, suitable for a delay in urgent drifting.

總平面圖
Plan

经济技术指标：服务 820m²　溼地 450m²
餐飲 400m²
總用地面積：4900m²
停車位：大型汽車 30-30　小型車位 60-70
地上：1層　地下：2層
建築限高：1.2m　服务 4.2m
建筑密度：建筑面积/总用地面积

地勢與建築的關係分析

1. 埋土建築　地勢較高
2. 坡土建築　地勢較低
3. 群體建築　地勢較低

設計說明

建築空間輕巧而丰富多姿是設計的亮点之一。同時，濕地東岸設計的井上高台、臨水平台以及當地民房的坡屋顶等元素，使置身於其中的遊客從不同的空間中領悟西北地區淳樸質朴的韻味。

建築表皮材料以及屋面材料上選用當地特產的資源，以最大程度表現出當地建造資源。其利用多种形式的天窗、天井等以达到引入自然風的通風采光效果。

建築與景觀的虛實對比分析

- 建築物
- 道路
- 植物綠化
- 水體
- 山體

總體空間體系分析

建築功能規劃

- 展覽室
- 虛擬展廳
- 閱覽室
- 服務台
- 自行車租賃中心
- 公共衛生間
- 餐廳

總體平面分析

- 展覽、咖啡廳
- 售票、導賞區
- 溼地

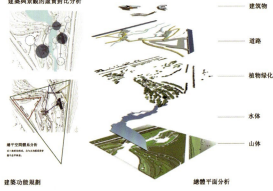

点评人：李莉

点　评： 方案充分利用优越的自然资源布置了一组景观建筑，通过场地的精心规划使建筑与自然景观之间形成"看"与"被看"的关系，既各自独立又互相交融。方案表达清晰，图纸表现到位，版面布局紧凑，色调统一，重点突出，带出了景观建筑的和谐美感。

学校：华南理工大学设计学院艺术设计系　　指导老师：李莉　梁明捷　郑莉　薛颖　谢冠一
学生：鲁金玉　刘彦希　肖遇缘　杨芊

隐·现
——西安湿地公园服务建筑方案设计

建筑鸟瞰 Aerial Construction

隐现/虚实
本着对地形的尊重，最大限度地保持和利用原有地貌，这一群组建筑形态自然，依地势而生，与地貌和谐。各单体建筑从功能上、场地上相互影响联系，又相互独立。

场地坡度分析 Slope of site

建筑选址为西安某湿地公园，该地地貌形态特殊，地形高低不一，以河流为分界线，西边高差明显，东边地势平缓。

Construction site of a wetland park in Xi'an, the place of special topography, uneven terrain to the river for the boundary, west of the height difference was the east flat terrain.

水系分析 Water Analysis

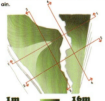

道路分析 Roads Analysis

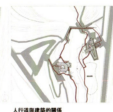

车行道與建築的關係　　人行道與建築的關係　　自行車道與建築的關係

規劃分析 Planning and Analysis

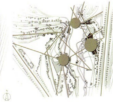

建築與建築的關係　　建築與道路的關係　　道路與節點的關係

学校：北京服装学院艺术设计学院环艺设计系　　指导老师：陈六汀　　学生：王华石

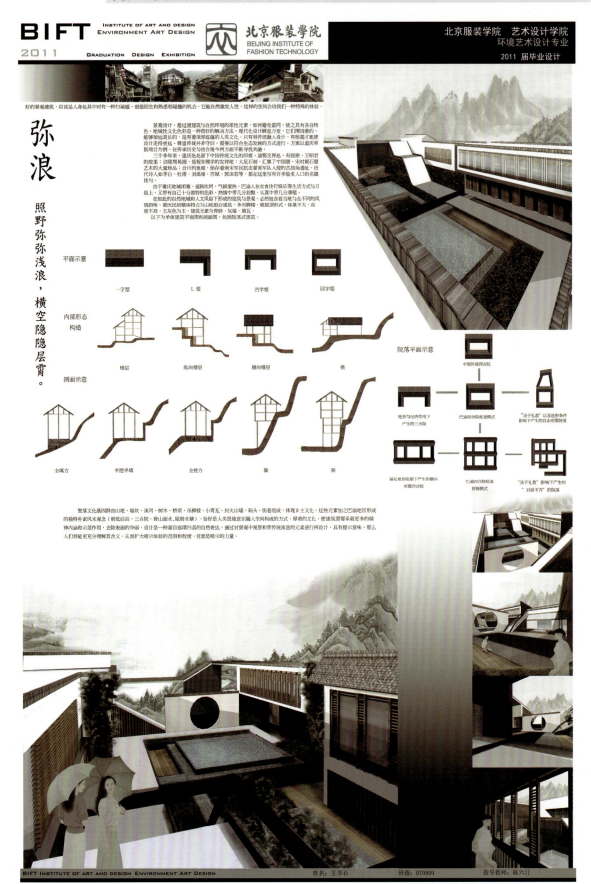

点评人：王海松　上海大学美术学院建筑系教授

点　评：作品透出自然、素净的水墨气质——"设计"，服从自然地形，自然地运用地域建筑原型，显得轻松、自然；"表达"，干净、素雅，显得素净。

学校：北京服装学院艺术设计学院环艺设计系　　指导老师：陈六汀　　学生：王华石

弥浪

照野弥弥浅浪，横空隐隐层霄。

以水为核心虚空间，围绕核心层层递进的回环景域。单体建筑使用空间并没有多少特别之处，相互之间的连接方式才是关键。通过传统建筑与现代风格相结合的新建筑的伫立，希望达到气质谦虚而淡定。新和旧的交织，是一种人文情怀的表达。在此基调下，传统元素的提炼和重构对传统进行现代演译。

外露建筑　　屋顶活动区域　　山体建筑　　交通路线　　底层活动区域　　水域　　山体绿化

山墙、水桥、屋顶、白墙等要素在自由的状态下以新的逻辑关系组合起来，构造和材料的更新，时时提醒建筑和传统及创断的关系。当初始条件减实而纯粹，即使剥离了功能，真实的美感依然存在，并会由此产生新的、超出预想的功能。设计中希望以充满层次感的不同景观层，使物体间可以相对灵活。建筑与景观之间的分界面没有特别明显的界限，一个具有复杂组成的阶层可以很好地扩展建筑和景观。人们的生活穿梭于街道与建筑之间，每个人感觉自己就是这个系统的一小部分，成功的空间可以自然激发人性，这是对其进行关心和关注的结果。它甚至能唤醒最不敏感的人群，刺激他们的感官并获得回应。最大限度整合景观建筑，任何情况下，居民都可以眺望并接触大自然。一切永无尽头，既不是景观、建筑，也不是交通。身处现实，回归源头，传承文化。

建筑设计

中国环境艺术设计学年奖

工程方案——银奖

学校：四川美术学院建筑系　　指导老师：华陵　　学生：覃丽婷　柯文德

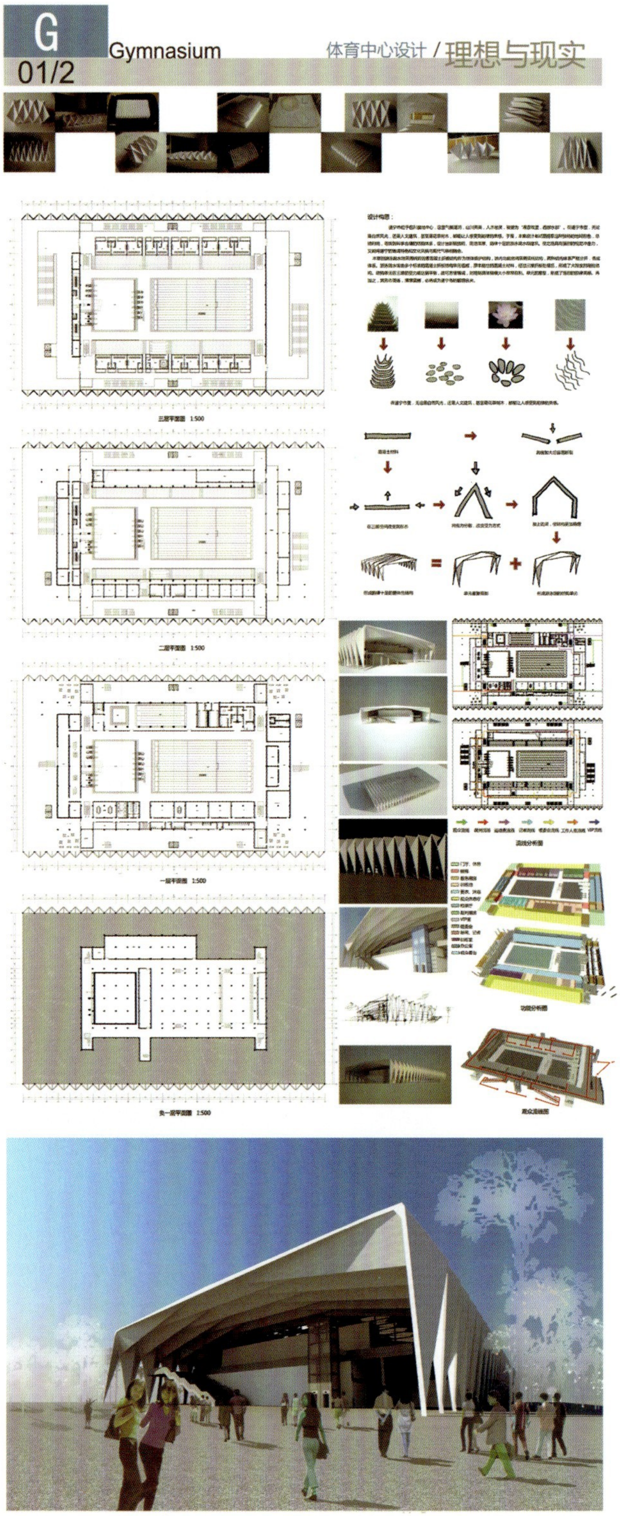

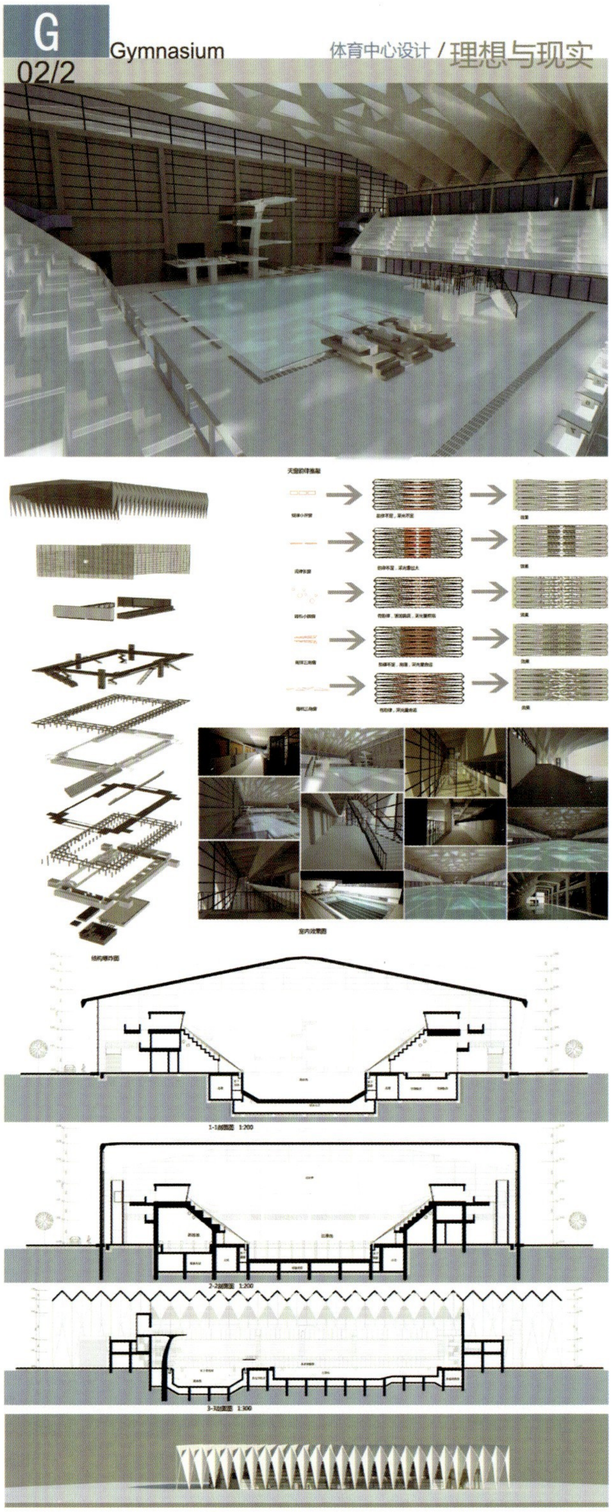

G 01/2 Gymnasium 体育中心设计 / 理想与现实

G 02/2 Gymnasium 体育中心设计 / 理想与现实

点评人：黄耘　四川美术学院建筑系副教授

点　评：方案在对体育中心的多个场馆设计中，采用了简洁大气的结构方式营造了既有韵律节奏感的外部空间，又创造了干净明快的内部空间，将流线、功能、空间与结构结合的十分完美。

学校：四川美术学院建筑系　　指导老师：华陵　　学生：覃丽婷　柯文德

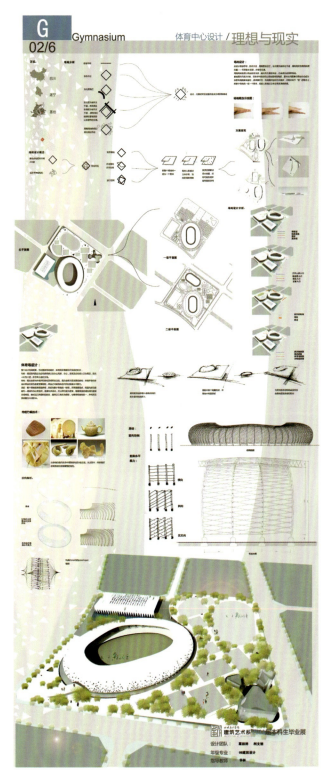

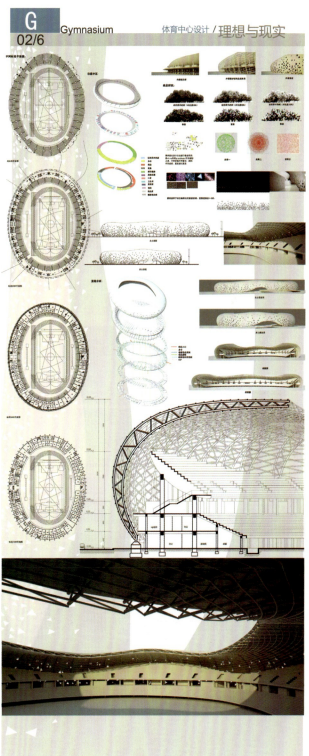

学校：四川美术学院建筑系　　指导老师：华陵　　学生：覃丽婷　柯文德

学校：哈尔滨工业大学建筑系　　指导老师：罗鹏　史立刚　　学生：薛辰

哈爾濱冬季奧林匹克中心規劃及體育館建築單體設計

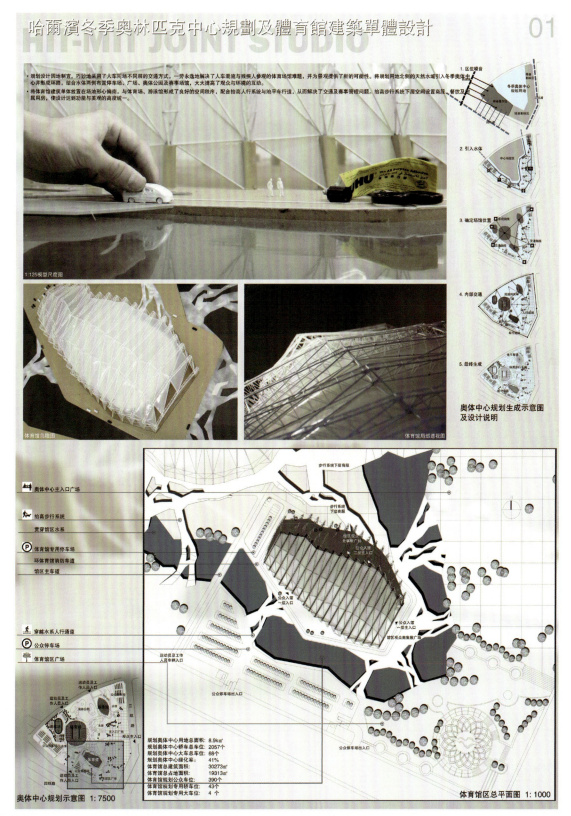

点评人：罗鹏　哈尔滨工业大学建筑学院副教授；史立刚　哈尔滨工业大学建筑学院讲师

点评：该设计从环境与建筑空间需求入手，紧紧抓住大空间公共建筑设计中的关键问题，将结构设计与建筑形象创作、建筑空间塑造紧密结合，有机统一。在功能、流线、造型、结构、构造、材料、室内空间环境控制等方面，从宏观到微观均有较深入的探索和多方面的创新性设计。同时，注重空间环境中人性化的建筑尺度推敲和低碳节能的建筑技术应用，创造出了技术精美、环境适宜并且充满人性关怀的场所精神，在技术理性与建筑艺术之间找到了很好的结合点。

设计过程中善于运用模型推敲设计问题和表达设计成果。图纸表达逻辑清晰，特色鲜明，表现出作者具有扎实的基本功、清晰的思维逻辑和追求创新的良好意识。

学校：哈尔滨工业大学建筑系　　指导老师：罗鹏　史立刚　　学生：薛辰

哈尔滨冬季奥林匹克中心规划及体育馆建筑单体设计

05

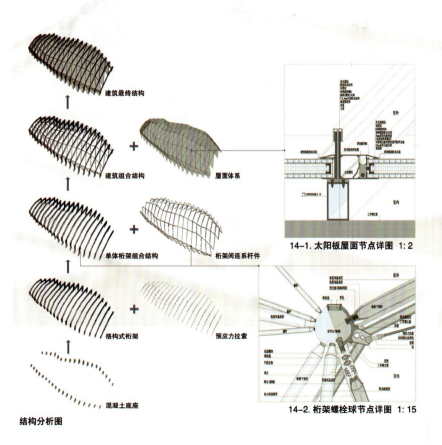

1-1剖面图　1:200

观众坐席视线设计

贵宾席视线设计

东南立面图　1:200

结构分析图

14-1. 太阳板屋面节点详图　1:2

14-2. 桁架螺栓球节点详图　1:15

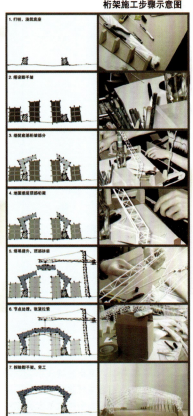

桁架施工步骤示意图

烟台港国际客运中心

学校：南京艺术学院设计学院环境艺术系　指导老师：卫东风　丁源　学生：刘晓惠　褚佳妮　姚峰

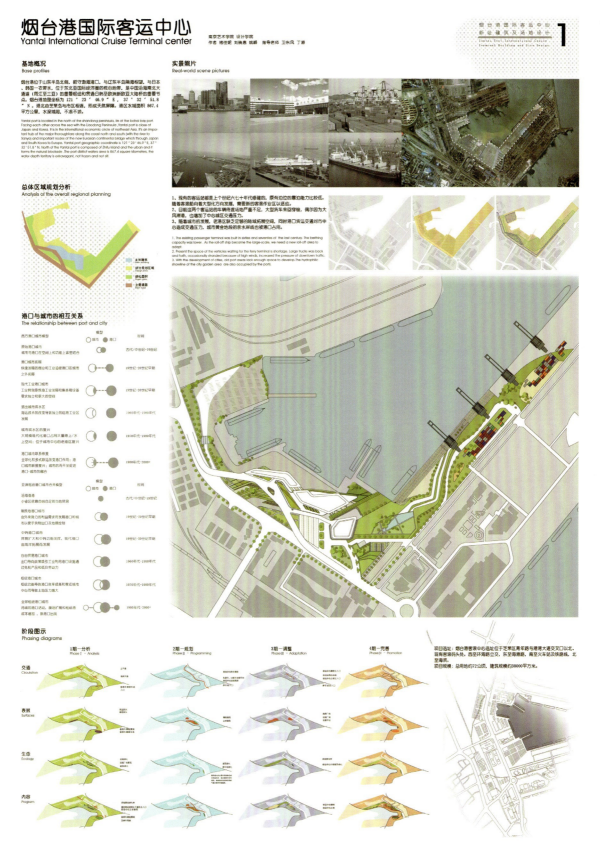

点评人：卫东风　南京艺术学院设计学院　教授

点评：作品有三个亮点：其一，尝试运用建筑类型学进行分析，归纳出一套港口城市的类型和形态特征，并运用在港口建筑、景观设计中，使之能够完全体现港口城市的面貌和特征，从而解决现代城市中新与旧之间的平衡发展；其二，作品以烟台客滚中心为核心，重新组织港区空间结构，向多层次的混合使用发展，整合码头、高架、步行天桥、观景平台，使烟台港成为一个具水平延展性、开放性与公共性的三维城市空间；其三，让建筑和景观有效地融为一体，细节处理得当，表现充分，画面充满诗意。

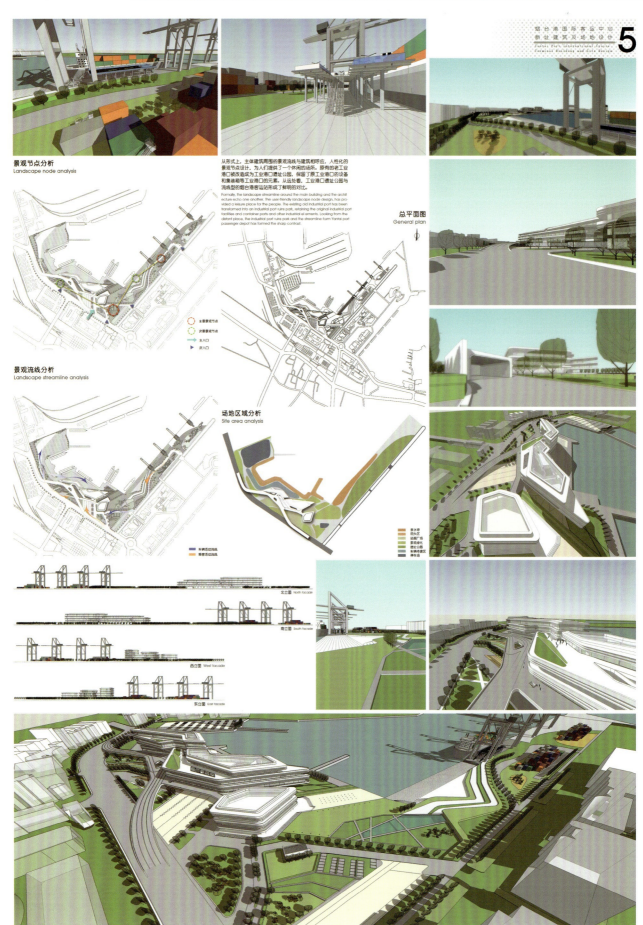

学校：华南理工大学建筑学院建筑系、城市规划系　　指导老师：冯江　苏畅　刘虹　徐好好　　学生：江嘉玮

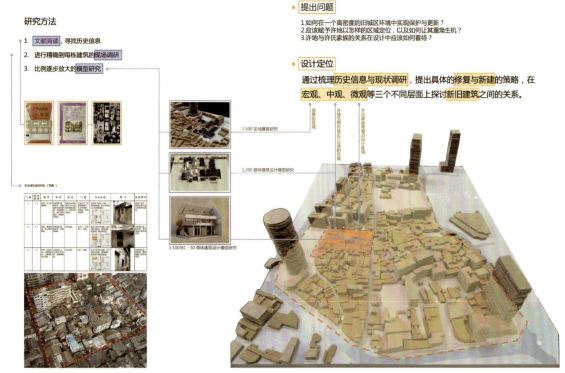

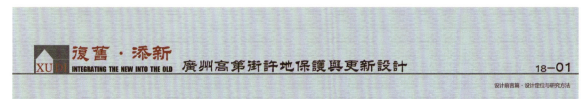

点评人：冯江

点　评：设计以对高第街尤其是许地和许氏家族的深入历史分析和详尽的现场调研与测绘为基础，着重关注了历史空间的序列与新建部分路径之间的分与合，以传统方式组织了许地的家庙、戏台、厅、圣人坊和牌坊等公共部分，而用旋转九十度的方向布置新建筑，从而建立了格局上的合理性，以及新旧之间的对话与对视。设计深入、细致且在形式与技术上均不失简洁。标题用"复旧·添新"，正与康有为和许应骙的新旧之争相印证，显示了设计者的勇气和机智。

中国环境艺术设计学年奖

学校：华南理工大学建筑学院建筑系、城市规划系　　指导老师：冯江　苏畅　刘虹　徐好好　　学生：江嘉玮

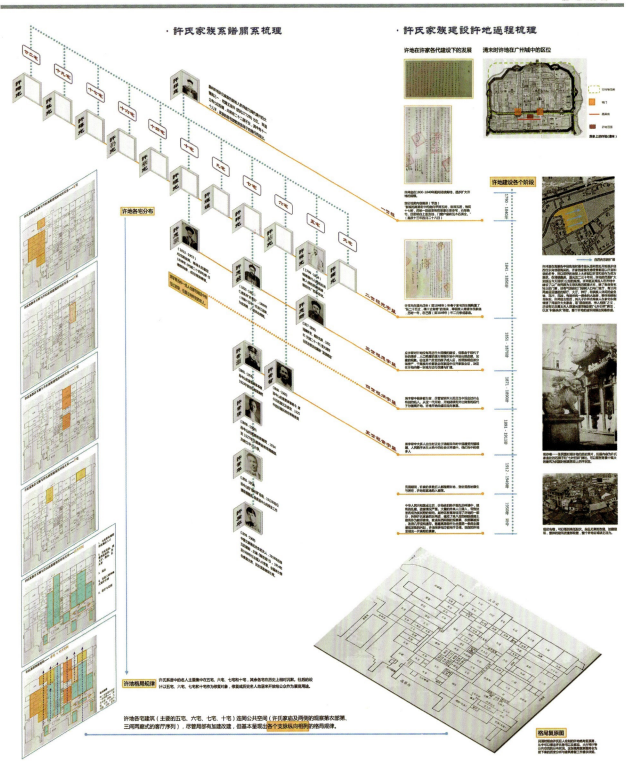

復舊·添新 INTEGRATING THE NEW INTO THE OLD
廣州高第街許地保護與更新設計

18-02

调研分析篇·历史信息整理

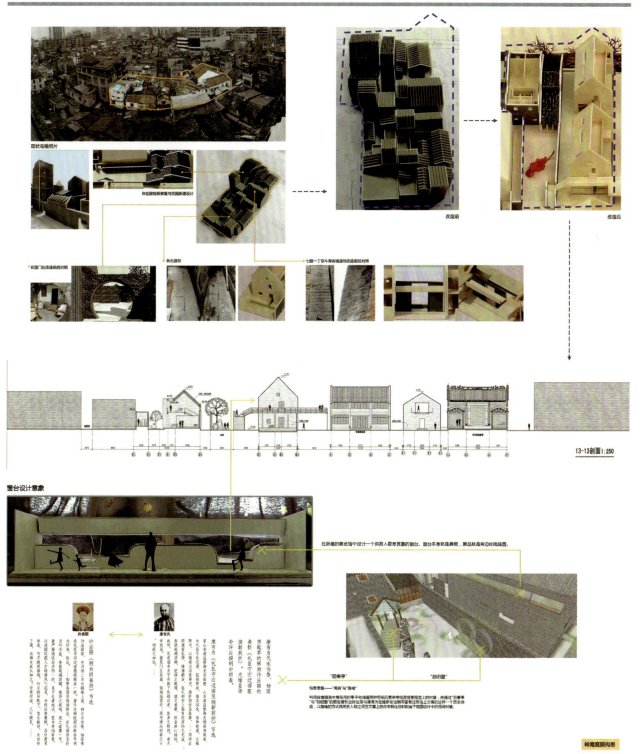

学校：同济大学建筑与城市规划学院建筑系　　指导老师：陈强　　学生：陈俊毅

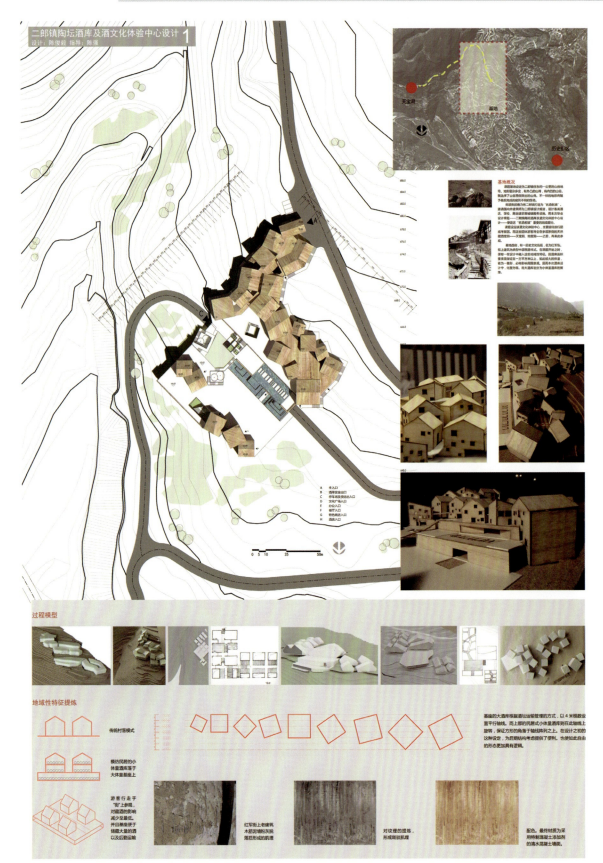

点评人：陈强

点评：设计者采取了将较大的建筑体量化整为零的策略，既是对当地山地小镇形态的回应，也能够更为灵活地顺应自然地形。采用模数化处理方式对这些体块进行整合，保证了大容量存储空间的使用。同时，将山地街巷空间引入内部空间组织参观流线，空间节奏把握较好。此外，设计者对地方材料的思考也使设计增色不少，最终形成一个富于地域特色的酒文化体验聚落。

学校：同济大学建筑与城市规划学院建筑系　　指导老师：陈强　　学生：陈俊毅

二郎镇陶坛酒库及酒文化体验中心设计 4
设计：陈俊毅　指导：陈强

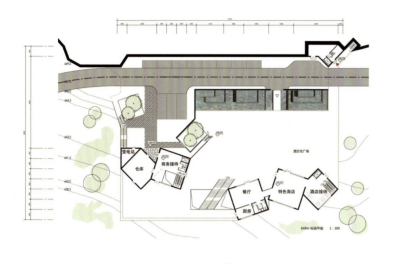

内景

观景厅往天宝洞的视野

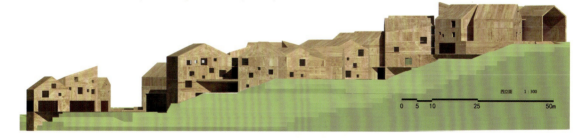
西立面 1:300

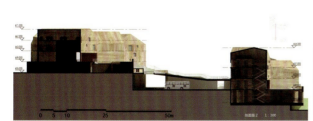
剖面图2 1:300

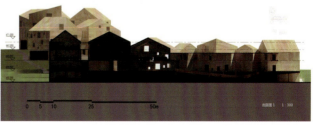
剖面图1 1:300

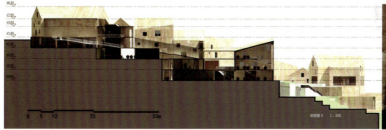
剖面图3 1:300

021

学校：广州美术学院建筑与环境艺术设计学院　　指导老师：杨岩　陈瀚　何夏昀　曾克明　　学生：王璋波

交融·互补
小洲村老人院与幼儿园设计

一、摘要

本设计重点研究了小洲村（城中村）老年人与村里的留守儿童目前的生存状态，分析其各自资源优势，提出老人院与幼儿园一体化设计。

二、出发点

多次走访小洲村老人院发现，"传统式"的老人生活中缺少生活情趣，时间难以打发，生活圈子狭窄。老人们常常有种不明的失落和悲伤。建筑布局拘谨、不适合交流、昏暗、气流不畅。发现幼儿园空间很不适合交流玩耍。活动空间狭小设备简陋。小孩正逐渐失去了以往的依偎听老爷爷讲故事的生活场景，活动单一老套对于小孩的成长很不利。提出一体化设计。

三、作息研究

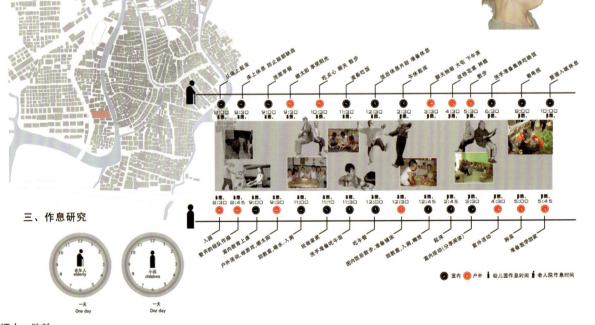

点评人： 陈瀚

点　评： 本设计重点研究了小洲村（城中村）老年人与村里的留守儿童目前的生存状态，分析其各自资源优势，提出老人院与幼儿园一体化设计。这不仅可以解决老年人缺少生活情趣，孤独绝望，同时平添生活天真的笑脸和生活下去的希望。也可以互补幼儿园小孩对小洲历史故事的传承，丰富儿童生活。为小孩带来知识和乐趣，实现双赢的理想。这不仅改变了传统老人院与幼儿园建筑模式，实现互补交融，并且重构了养老育幼新理念。

学校：广州美术学院建筑与环境艺术设计学院　指导老师：杨岩　陈瀚　何夏昀　曾克明　学生：王璋波

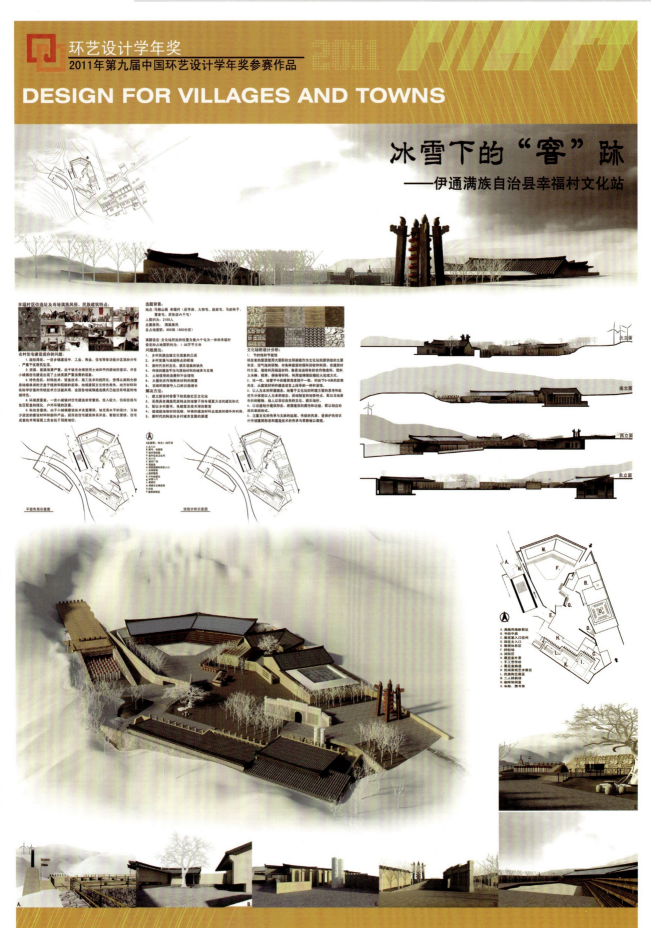

学校：华南理工大学设计学院艺术设计系　　指导老师：郑莉　梁明捷　李莉　薛颖　谢冠一　　学生：何振海　周元　叶雷雷

bubble school 泡泡学校
——湖南省桃川镇幼儿园方案设计
hunan peach chuanzhen design community nursery

指导老师：郑莉
小组成员：周元　叶雷雷　何振海

项目概况：

项目位于湖南省桃川镇，桃川古名桃溪。桃川洞（盆地）西面环山，山间盆地似桃形，一河纵贯其间，沿河两岸气候温和，地势平坦，桃红柳绿，四季如春，故名。全镇总面积157平方公里，耕地2815公顷，12142户，43170人。沐水、大源、源口三条河流流经境内，境内地势平坦，山清水秀，四周群山环抱，中部良田万顷，产品丰富，是香柚、香芋、甘蔗等名特优农产品的生产区。

灵感来源——泡泡

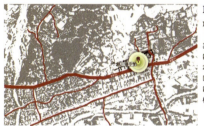

周边分析：

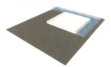
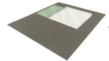

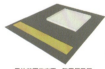

建筑位于一个山地上。在其东北面为山坡。北侧建筑及东侧景观都在山体之上，与地形结合。

建筑西面为一片菜地。院内厨房位于用地西面，菜地东面。方便蔬菜的选用，为小朋友们提供健康绿色的食品。

用地南面为居民区，有效地减弱了道路上嘈杂的声音。为幼儿园提供相对安静的环境。并且方便居民生活，为其孩子们提供便利的条件。

用地范围的南面，跨国居民区，则是省道。交通便利。声音较多，但与幼儿园用地范围距离相对较远。无太大影响。

用地范围

方案生成全过程为了方便建筑的组合从而改变泡泡的形式，重新组合

球形不管对大人还是小朋友都是非常稳定安全的。泡泡是小朋友最普遍最喜爱的玩耍方式之一。泡泡梦幻的效果非常符合小朋友们天真、无邪、想象力丰富的心理感受。泡泡是由于水的表面张力而形成的。这种张力是物体受到拉力作用时，存在于其内部而垂直于两相邻部分接触面上的相互牵引力。水面的水分子间的相互吸引力比水分子与空气之间的吸引力强。这些水分子就像被黏在一起一样。

建筑的构造及结构

儿童的行为特点如下，圆形建筑适合儿童活动

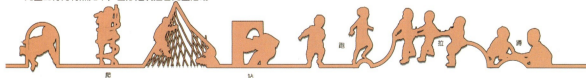

爬　　　　　钻　　　　　　　　　　　　　跳　　　距　　拉　　绕

点评人：郑莉

点　评：作品围绕"泡泡"为主题做设计。球体对于孩子来说是最安全的形体，也颇受其喜爱。该建筑从门窗至设施、环境设计，甚至室外滑梯均与球形建筑结合，空间丰富，童趣盎然，让孩子感受不到"规矩"的束缚，而是亲切和趣味。

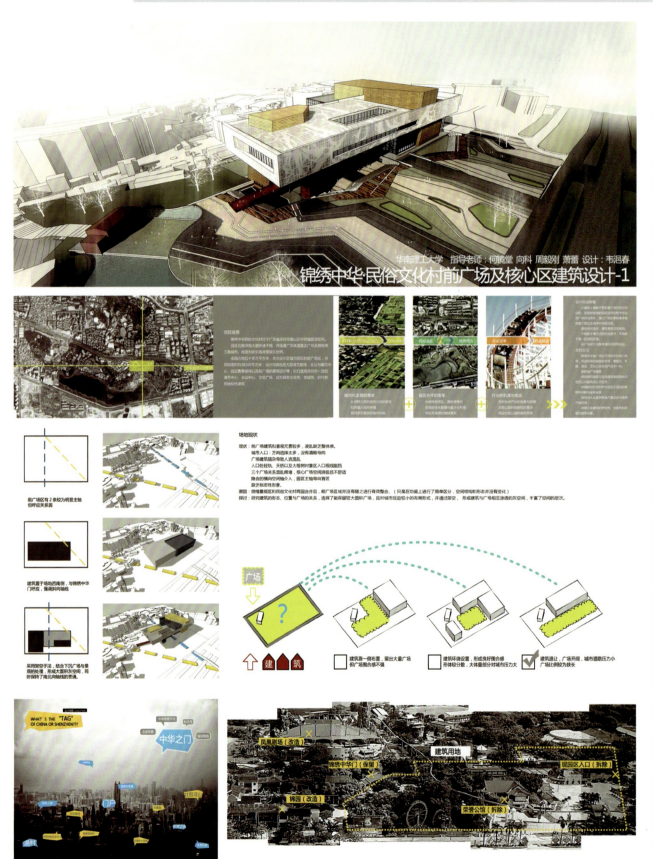

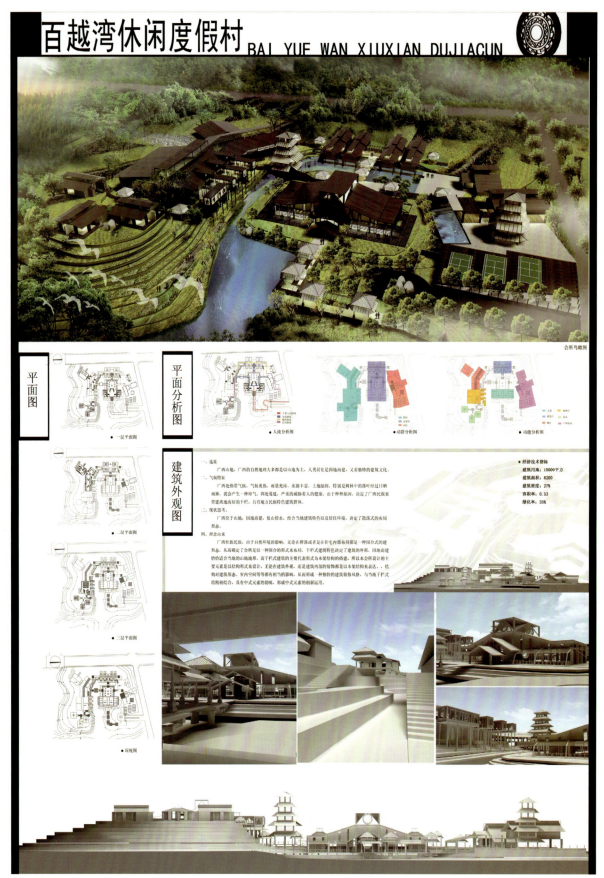

学校：哈尔滨工业大学建筑系　　指导老师：罗鹏　史立刚　　学生：胡敏思

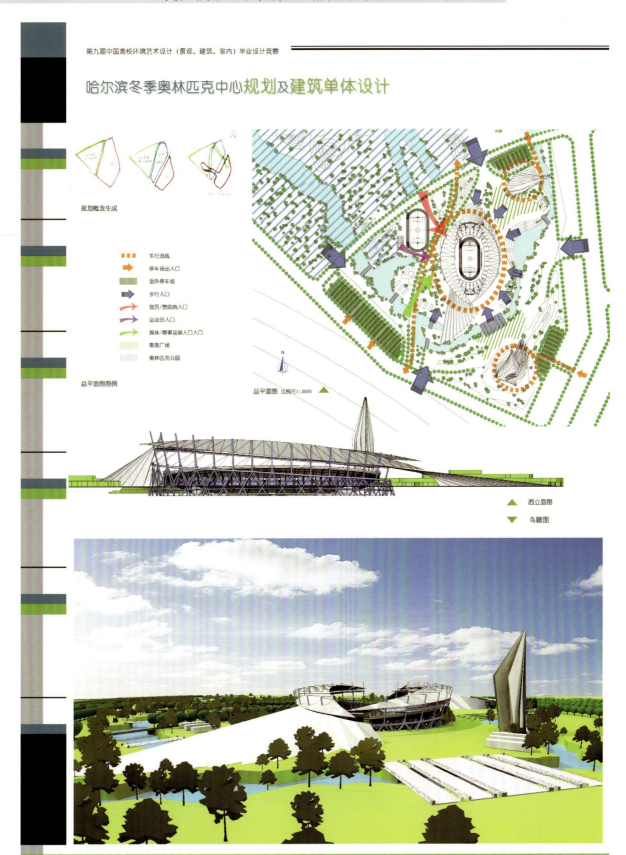

点评人：罗鹏　哈尔滨工业大学建筑学院副教授；史立刚　哈尔滨工业大学建筑学院讲师

点　评：该设计从宏观环境分析入手，通过合理的结构选型和建筑设计，将难度较大的体育场，处理得轻灵飘逸，充满动感。建筑在浪漫的外表下充满了技术理性和技术美学的光辉。超大的建筑体量、灵动的形态和富于逻辑的韵律感，赋予了整个区域环境一种全新的秩序。

宁厂古镇规划篇——探索一种对残缺文化的解读方式

学校：四川美术学院建筑系　　指导老师：黄耘　　学生：程彬　聂冬超　闫鸿鹏　沈瑶　李宝鹏　宋先锋　易世建

点评人：黄耘　四川美术学院建筑系副教授

点　评：面对工业遗迹、古镇更新、文化保护等当下学界热门的庞杂课题，该方案通过解析宁厂不同街区的特点，使用各种"触媒"介入的方式，保存特色文化的同时，激活整体，并在古镇中形成一种造血机制。这种方式是一种有效的新颖的尝试。

学校：四川美术学院建筑系　　指导老师：黄耘　　学生：程彬　聂冬超　闫鸿鹏　沈瑶　李宝鹏　宋先锋　易世建

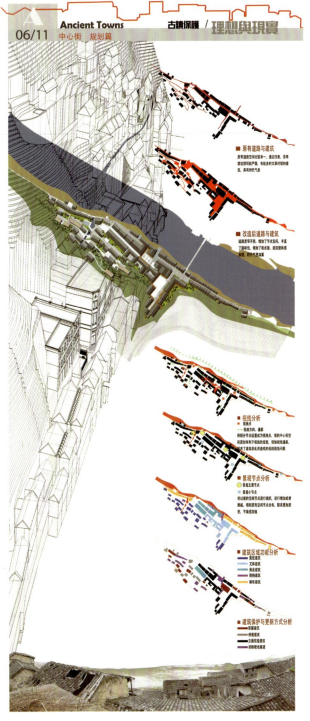

建筑设计 / 概念创意——金奖

中国环境艺术设计学年奖

学校：四川美术学院建筑系　　指导老师：黄耘　　学生：程彬　聂冬超　闫鸿鹏　沈瑶　李宝鹏　宋先锋　易世建

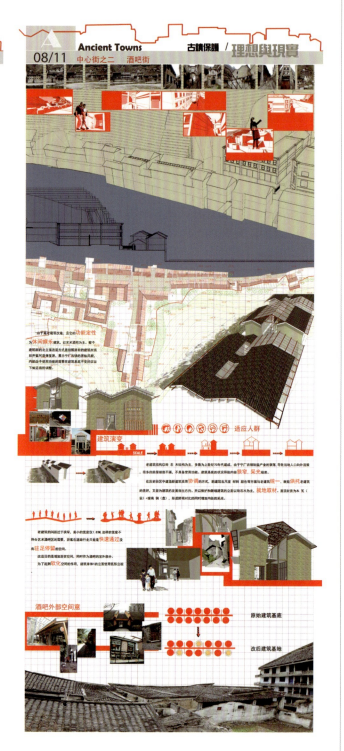

学校：四川美术学院建筑系　　指导老师：黄耘　　学生：程彬　聂冬超　闫鸿鹏　沈瑶　李宝鹏　宋先锋　易世建

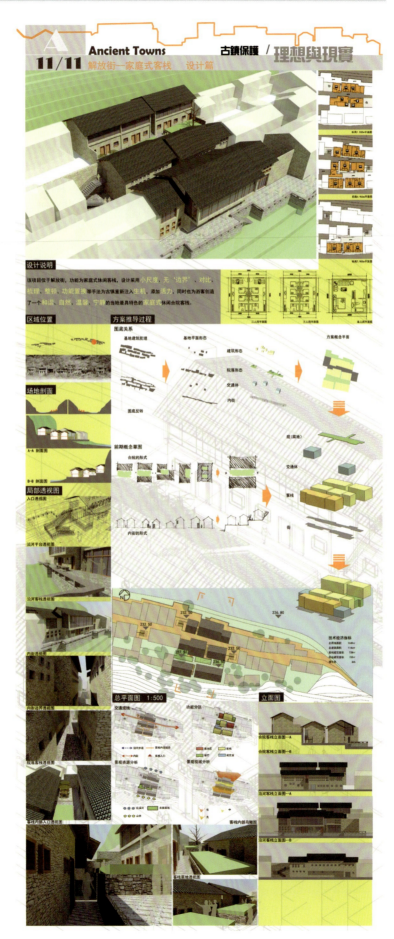

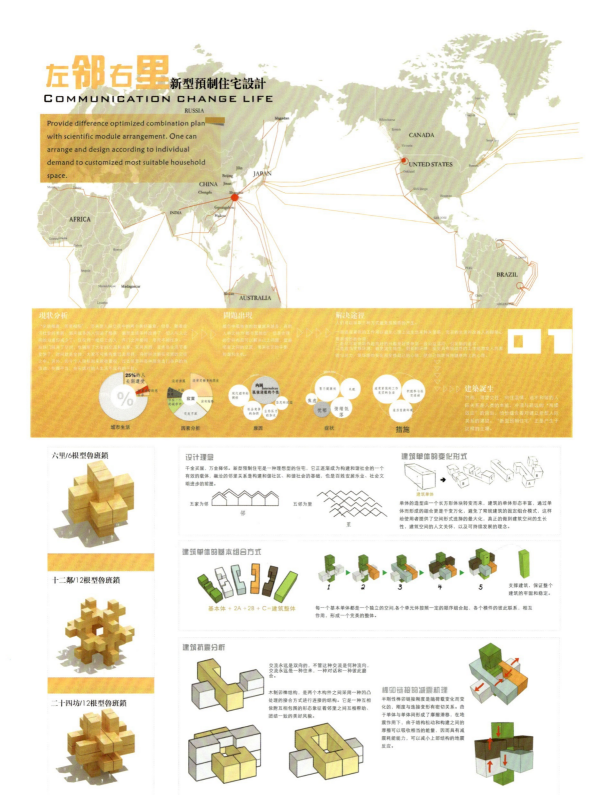

点评人：查波　宁波大学科学技术学院设计艺术学院主任

点　评：一颗小小的鲁班锁引发了设计系学生和老师无限的思考和讨论，既将微观的尺度放大成宏观的空间，又将无限的空间想象融入到木锁方寸的榫卯之间。一个"穿越"式的古今设计者之间的对话，成为了整个毕业设计方案的线索。这也是即将毕业的学生设计者对古人智慧的致敬，对中国传统文化的传承和发扬。最后呈现出来的设计效果非常理想，鲁班锁的木块和预制建筑的独立性有较好地契合，榫卯结构的智慧补充到现代材料的组合和拼装，产生更多无法预期的精彩。不足之处是设计周期的仓促，使得学生无法充分地思考和发挥，只是做了一个最初级锁型的演变，鲁班锁更高级的锁型产生的变化和智慧如果运用到现代设计当中产生的能量是无法预料的巨大。

学校：宁波大学科学技术学院设计艺术学院　　指导老师：查波　　学生：金洁阳　蒋亚萍

03 左邻右里
Communication change life

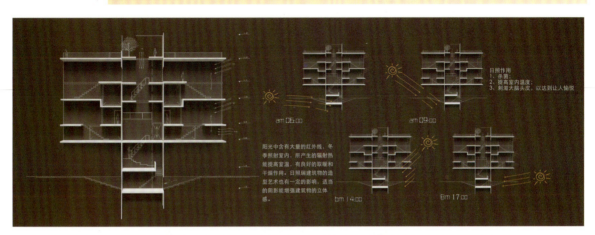

学校：上海大学美术学院建筑系　　　指导老师：王海松　李钢　　　学生：苏圣亮　黄喆

新七十二家房客
里弄生活的压缩和解压缩
Compressing & Decompressing the Living Space in the Tranditional Lilong

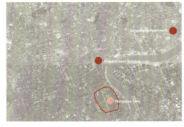

城中村病因总结

里弄原生的空間序列有很强的從公共到私密的邏輯性 居住使用十分宜人 當里弄形成為城中村時 原有的空間序列被打破 居住狀況擁擠 原有的輔助空間及公共空間被擠壓 去除 無法去除的就在原有的基礎上搭建 形成外掛式的違章搭建

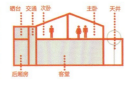

问题根源

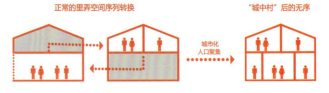

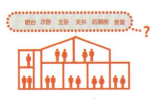

应对策略

更新原则

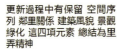

更新過程中有保留 空間序列 鄰里關係 建築風貌 景觀綠化 這四項元素 總結為里弄精神

設計中希望還原里弄公共空間與私密空間之間的秩序關係 引入壓縮與解壓縮概念 使空間更為有序 節約

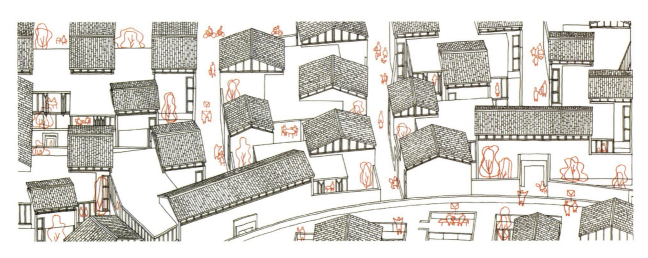

点评人：王海松　上海大学美术学院建筑系教授
点　评：该作品作为"四校联合毕业设计营"的成果，得到了四校（广美、央美、上美、川美）指导教师的指导。设计者通过户型空间的优化、公共空间的拓展、交通流线的梳理，创造了一个保持里弄生活品质、让"新上海人"与原住居民和谐共居的新住区。
点评人：李钢
点　评：设计理念以老城厢里弄生活为背景，深入分析"里弄空间"与"人的生活"之间的关系。在保留历史风貌的前提下，重新梳理整合了"里弄空间逻辑"，对里弄进行宜居性改造，从而使更新后的生活场所焕发新时代的里弄精神。

学校：上海大学美术学院建筑系　　指导老师：王海松　李钢　　学生：苏圣亮　黄喆

单元的解压缩界面

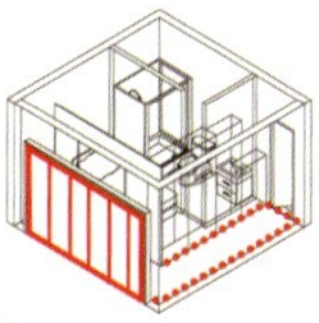

界面闭合

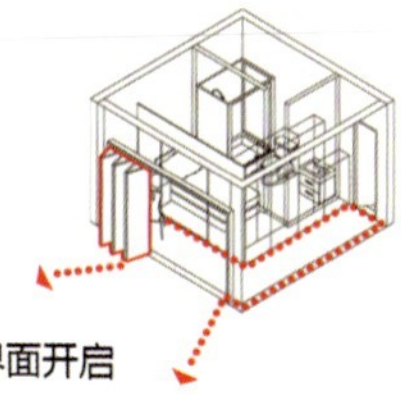

界面开启

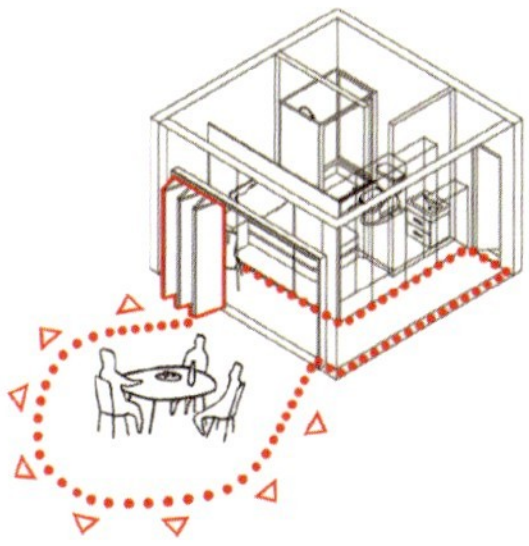

组团空间演变分析

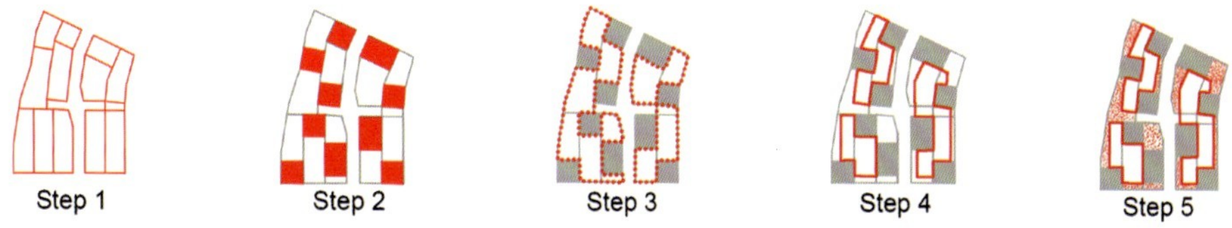

Step 1　Step 2　Step 3　Step 4　Step 5

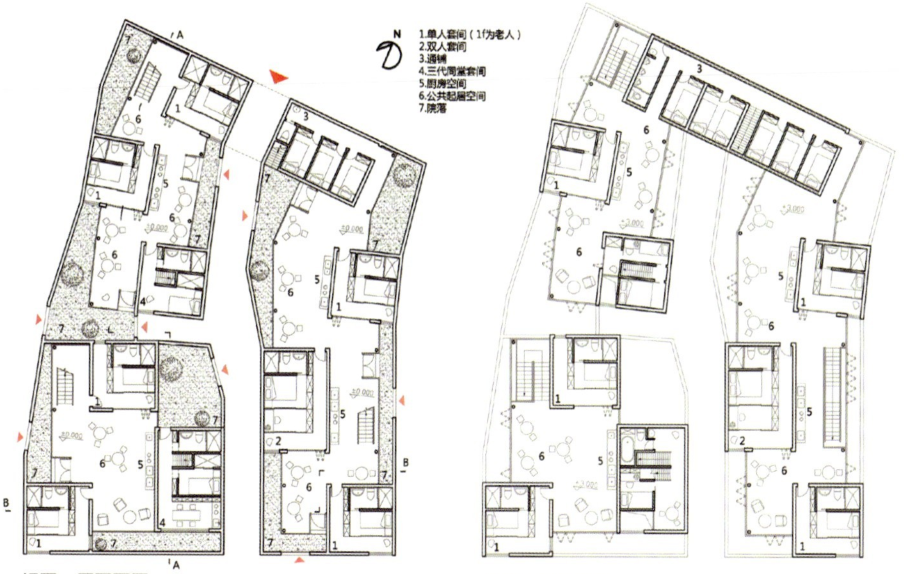

1.单人套间（1f为老人）
2.双人套间
3.通铺
4.三代同堂套间
5.厨房空间
6.公共起居空间
7.院落

组团一层平面图　　　　组团二层平面图

组团立面图

学校：中国美术学院建筑艺术学院环境艺术系　　指导老师：吴晓淇
学生：刘钊　王梦梅　王波　徐国东　张陶然　吕霞菲　刘金晶　于忠孝　洪美思　张燕雯

慈溪酒厂旧建筑改造方案

01 建筑篇 Building article

地理位置 Location

概况 profiles

地块位于浙江省慈溪市上林湖景区，经度121.3度，纬度30度，距离慈溪市区14公里，原酒厂所在地（现已废弃）。现慈溪市政府批准将此区域建成文化创意园。区域内建筑物为49年至90年代建筑，大量为"文革"时期所见。建筑以1-2层建筑为主，建筑结构为砖木，规划面积为20190平方米。

The Union green hill lake is located west Zhejiang Province, total area 72.9 square kilometers.This sub-area is situated in the Shanghai and Hangzhou economic society radiation circle, east only 40 kilometers near the Hangzhou Xihu scenic area, southneighbour Yao Er Lin fairyland, the theda "the big tree canopy heard Nine Provinces" the national nature protection area 38kamou state- level scenery scenic spot area, north passes cool Moganshan, in constructing puts on Jing Er Hangzhou to the Huangshan Mountain highway, in the plain Hangzhou subway, the light rail and Shanghai and Hongzhou magnetism will float the train to stretch across and to connect in the area of jurisdiction the economical development, will all occupy in the geographical position and the transportation relations southeast our country the local scenery traveling network convergence point.

 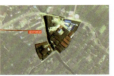

设计说明

项目概况
本案位于浙江省慈溪市慈溪鸣鹤古镇的原国营慈溪酒厂所在地块内。对旧工业建筑进行改造，设计为演艺区—创意合作的艺术文化创意园。

设计理念
...

业态分析

点评人：吴晓淇　中国美术学院建筑设计学院副院长

点　评：这是一种毕业设计方法的创新尝试。首先让学生面对真题真境去思索，然后融合三年半所学课题知识，去发现自我在这个真题中的兴奋点，在自我主动、自觉的状态下通过"场地字典""模型研究""业态模拟"等阶段，作出对于设计真题的自我回答。这种方法亦为学生毕业后的设计实务铺垫了基础。

学校：中国美术学院建筑艺术学院环境艺术系　　指导老师：吴晓淇

学生：刘钊　王梦梅　王波　徐国东　张陶然　吕霞菲　刘金晶　于忠孝　洪美思　张燕雯

建築篇　Building article

單棟建築分析
Single buildings Analysis

04

B 區：

在場地設計中我們將這一區域定義為商業服務區。其中包括中高檔消費的主題餐廳、咖啡館和酒吧。

1#,2# 主題餐廳

3# 咖啡館

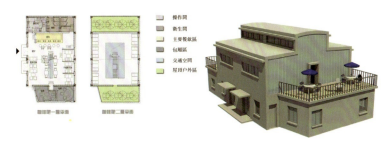

4# 酒吧

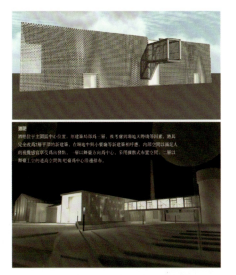

慈溪酒廠舊建築改造方案

学校：中国美术学院建筑艺术学院环境艺术系　　指导老师：吴晓淇
学生：刘钊　王梦梅　王波　徐国东　张陶然　吕霞菲　刘金晶　于忠孝　洪美思　张燕雯

建筑篇 Building article

05

单栋建筑分析
Single buildings Analysis

制片摄影工作室

C区：

C区中集聚了需要大型空间的设计团队，包括摄影制片、雕塑和陶艺等。其中陶艺还特别设定了提供民众参与制作的区域，意在不仅保证经济收入的同时更游人体验艺术，并乐在其中。

艺术家社区

艺术家喜欢以自己喜欢的方式独处，较为关注自己的内心世界，通常从信息、思想的反思中获取能量，倾向采取有弹性的、自然自发的、没有规律和组织的生活方式。因此在设计的时候就要考虑这些要素，如何能让艺术家居住在此觉得舒服，来创作更多的作品。

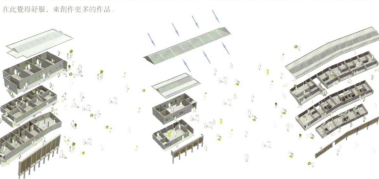

D区：

D区为大量民间艺术家，多媒体设计、纯艺术家、产品设计等艺术人才提供居住加工作的loft空间单元，形成了一个小型艺术家社区。并配备了小餐厅，以及青年旅舍。

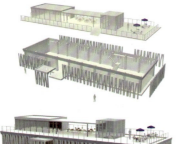

慈溪酒厂旧建筑改造方案

学校：中国美术学院建筑艺术学院环境艺术系　　指导老师：康胤　　学生：於劲扬　于汶钺　贾瑜鹏

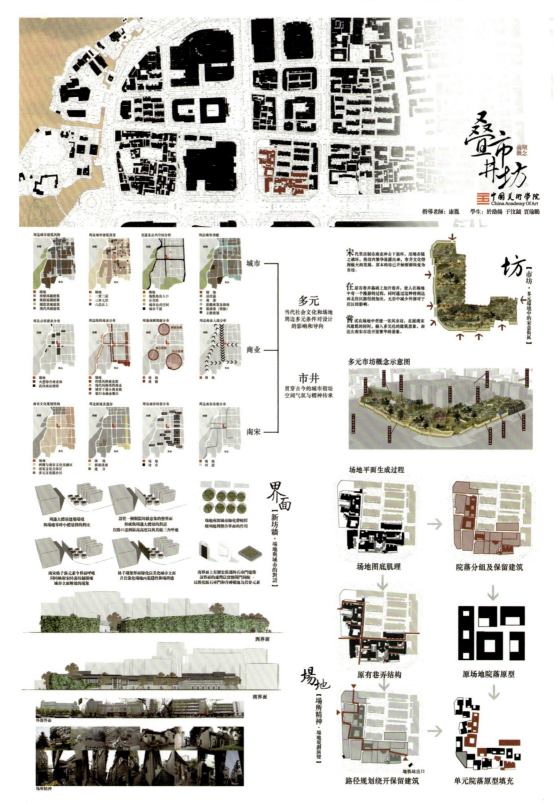

点评人：康胤

点　评：基于对环境的深入解析、基于对人文历史的深度剖析；源于对传统江南水乡立体交通的理解、源于对南宋城市格局及街巷界面中坊墙的分析；针对基地内的古井、针对现代商业中心的周边环境的现状，创造性地提出了"叠市井坊"的设计理念。

以似是而非的坊墙、蜿蜒曲折的街巷，契合了南宋皇城因地制宜、独树一帜的营造理念；以保留具有历史价值的建筑、以改建具有城市发展记忆的建筑、以新建具有杭州城市特质的建筑，营造出具有皇城气质又展现城市历史的新街区；叠市的设计更是对传统城镇商业空间最好的诠释。

源于对杭州传统建筑的理解，街区更新中对三合院、四合院、多进院落、石库门等院落空间进行了创造性设计，对建筑造型、建筑屋顶、建筑细部都进行了创新尝试。

建筑设计

概念创意——铜奖

中国环境艺术设计学年奖

学校：中国美术学院建筑艺术学院环境艺术系　　指导老师：康胤　　学生：於劲扬　于汶钺　贾瑜鹏

叠市井坊　建筑单体
中国美术学院 China Academy Of Art
指導老師：康胤　學生：於劲扬　于汶钺　贾瑜鹏

臺階式休憩廣場

連接體一層空間

連接體西入口

傳統構架部分一層空間

現代手法部分一層空間

現代手法部分樓梯空間

現代手法部分二層空間

一層平面圖

1 營業空間
2 青磚樹池
2-1 樹池填土
2-2 樹竹樹池
3-1 廣場方磚鋪地
3-2 街道綠石鋪地
3-3 青磚人紋立砌
3-4 巷道青磚平鋪
4 庭院
4-1 坊體綠化
4-2 景觀水系
5 綠色坊牆
6 輔助用房
7 疊市-立體交通系統
8 臺階式休憩廣場

二層平面圖

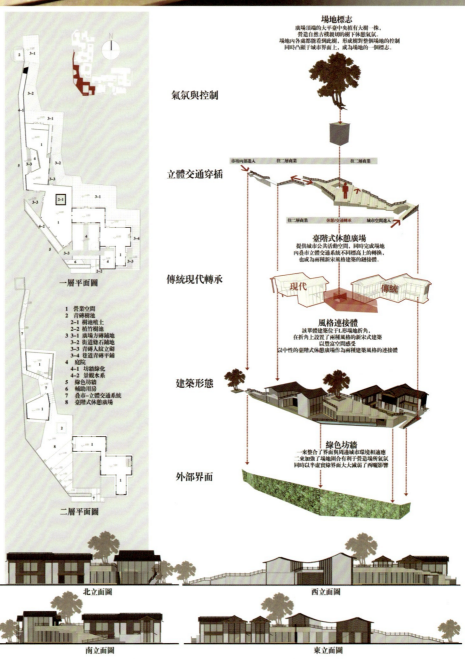

場地標誌
廣場頂端的大平臺中央植有大樹一株，營造自然古樸親切而休憩氛圍。場地內各處都能看到此樹，形成相對整個場地的控制，同時凸顯于城市界面上，成為場地的一個標誌。

氛圍與控制

立體交通穿插

臺階式休憩廣場
提供城市公共活動空間，同時完成場地內疊市立體交通系統不同標高上的轉換，也成為兩種新宋式風格建築的銜接體。

傳統現代轉承
　現代　　傳統

風格連接體
該單體建築位于L形場地折角，在折角上設置了兩種風格的新宋式建築，以豐富空間感受。
以中性的臺階式休憩廣場作為兩種建築風格的連接體。

建築形態

綠色坊牆
一來整合了界面與周邊城市環境相適應
二來加強了場地圍合有利于營造場所氛圍
同時以以半虛實綠界面大大減弱了西曬影響

外部界面

北立面圖　　西立面圖

南立面圖　　東立面圖

学校：中国美术学院建筑艺术学院环境艺术系　　指导老师：康胤　　学生：胡莹　陈俊妥　刘雨田

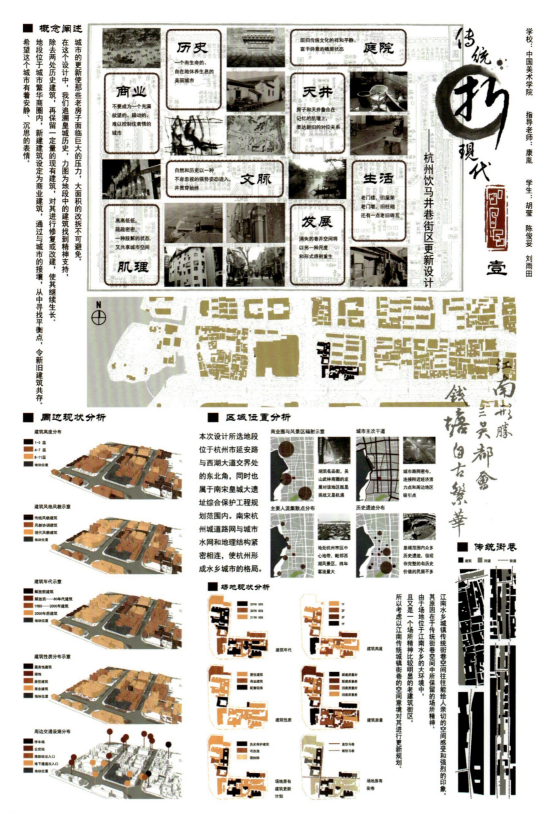

点评人：康胤

点　评：设计基于对南宋皇城人文历史的了解，基于饮马井巷及周边街区的历史变迁与现状的调研分析，基于对传统江南水乡城镇空间结构、街巷空间关系、建筑立面及屋顶关系的深度解析，提出了"折"的核心设计理念。

以折街、折界、折顶的设计手法，展示传统街巷曲折丰富的空间特质；以保留历史建筑、改建传统合院、新建传统尺度的新乡土风格建筑，营建一个有机生长的新街区。"折"成为传统与现代对话的媒介，传统人文、历史、建筑历经曲折发展，成就具有地域人文、历史气质的现代街区。

通过对传统建筑的研究，对单体建筑的平面、建筑造型、建筑屋顶等设计都进行大胆有道的尝试，并把新材料、新技术巧妙融入了设计中。

建筑设计 | 中国环境艺术设计学年奖
概念创意——铜奖

学校：中国美术学院建筑艺术学院环境艺术系　　指导老师：康胤　　学生：胡莹　陈俊妥　刘雨田

■ 模型实体示意　　　　　　　　■ 更新前后街巷空间示意

在保持原有的传统肌理形态的基础上，发展现代的建筑语汇和符合现代生活的空间

原有的各条直巷直弄容纳了场地内大部分的公共生活，更新后的街道长度增加，将容纳新的更多的场地功能，并且配上景观设置，使之成为一条公园道路。

■ 改造方式示意

扩 部分民居改为商业后需整合人流路径，根据需要减少零碎空间，同时可以有效提高消防疏散效率。

连 改造建筑与新建之间根据功能排布需要，在适当位置贯穿联通两个体量，减少地面人流量，使路径更有秩序性。

替 对于存在严重质量问题的房屋，衡量其历史价值后对其进行拆除，并在原建筑位置建造适宜体量的建筑，充分利用场地内资源。

骑 对于较为僵硬的空间节点，对其进行小体量的加建，不破坏原有建筑的面貌，使建筑与周边景观构筑等呈现咬合的状态。

饰 场地内部分建筑现状质量良好，但与整个场地建筑风貌有冲突，对于这些建筑的外表面仅作饰面修复。

叠 原有建筑功能无法满足新的要求，对其进行加建，更加整合原有建筑的肌理与形式。

小楼一夜听春雨　深巷明朝卖杏花

■ 南界面效果示意

■ 西界面效果示意

■ 庭院的生长
 原有院子
 消失的院子
 空中的院子

■ 模型夜景

传统打现代 肆

学校：中国美术学院　　指导老师：康胤　　学生：胡莹　陈俊妥　刘雨田

044

学校：云南大学艺术与设计学院环境艺术设计系　　指导老师：吴白雨　　学生：楚冲聪

建水陶記 | 建水龙窑遗址博物馆设计方案
LONGYAO MUSEUM DESIGN PLANNING

no.2

● 博物馆 宋元陶瓷馆展区效果

建水陶填、刻工艺

建水民居符号

空间设计说明：
龙窑遗址博物馆的宋元陶瓷馆主要运用建水陶中独一无二的刻、填艺术来表达，同时把建水民居文化中的符号填入空间中。

● 一层过道效果

● 博物馆图片展示区效果

● 博物馆入口效果

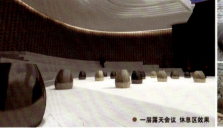
● 一层露天会议 休息区效果

云南大学艺术与设计学院室内设计系2011毕业设计作品 • 姓名：楚冲聪 • 导师：吴白雨

点评人：吴白雨　云南大学艺术与设计学院讲师
点　评：将滇南工艺文化融入当代公共博物馆的设计构想，是本土民族民间文化向当代设计转型可能性与合理性之路的学术创建。

学校：广州美术学院继续教育学院环境艺术设计系　　指导老师：冯乔　王晖　　学生：张予馨

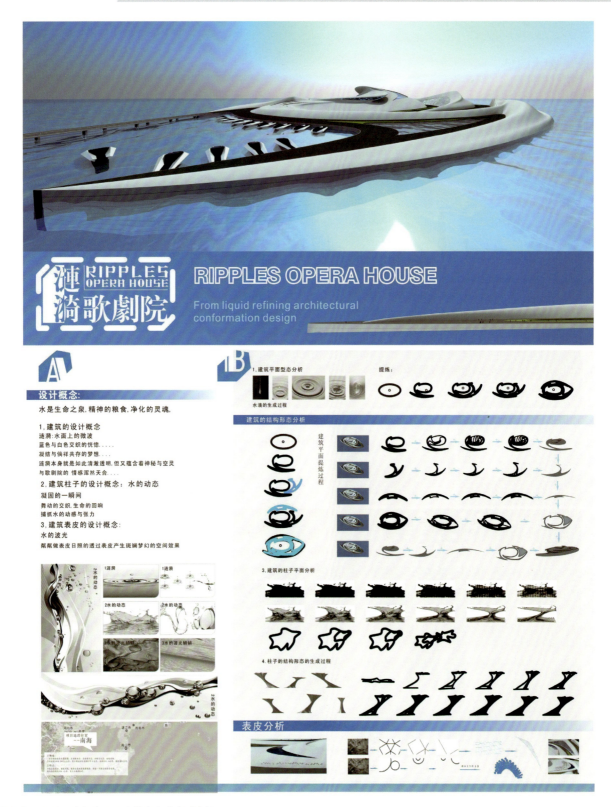

点评人：孙澄　哈尔滨工业大学建筑学院副院长
点　评：方案立意新颖大胆，由涟漪凝固瞬间的形态出发，结合建筑功能组织形体，生成过程思路清晰、目标明确，内部空间与外部造型结合紧密，最终的建筑形体造型流畅、富于张力，将曲线的柔美与力道表达得酣畅淋漓。但是方案对于剧场的声学考虑分析不足，仍有改进余地。图面表达娴熟，方案阐述清晰。

点评人：冯乔
点　评：本案采用非几何形体来建造一个城市文化空间，建筑形态浑厚有力，如涟漪般蜿蜒起伏，并有未来感；能与周边水面环境的相互呼应。作品呈现的仅仅是一个初步概念，各种动线关系、功能空间和细部处理还有诸多不足。但是，对于学生作品来讲，不失为个性张扬、充满活力的大胆之作。

学校：广州美术学院继续教育学院环境艺术设计系　　指导老师：冯乔　王晖　　学生：张予馨

建筑设计　概念创意——铜奖　中国环境艺术设计学年奖

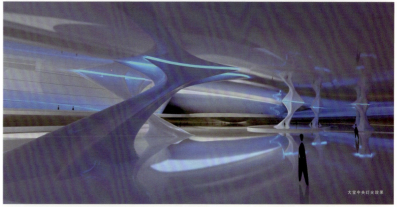
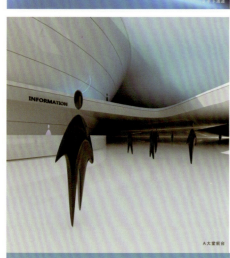

学校：广州美术学院建筑与环境艺术设计学院　　指导老师：王中石　　学生：劳卓健

SKY-PARADISE 天空·乐园
细岗社区居民活动中心 设计案 | XIGANG SOCIAL COMMUNITY CENTRE

在我们即将到来的时代，或许只有将那些属于"个人"的"家园"归还给使用者，由使用者自主决定随机的居住和生活方式。城市，才能让我们的生活更美好，"接近天空"—尤纳·弗莱德曼

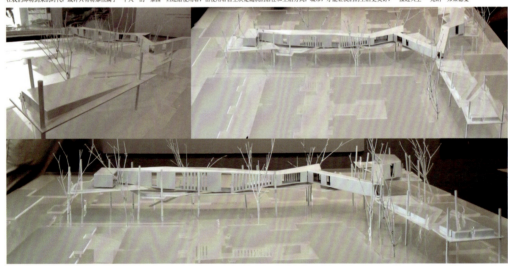

设计目标：
为了改善人们居住环境，提高生活质量和丰富生活情趣，建立一个立体的生态群，成为主要目的。
回避单一的方式，努力摒弃不同功能类型纳入到这个区域（BKcoffee House 图书馆）使其在多元中创造更多的机遇。

设计策略：
针对细岗现状交通和停车方式混杂，公共空间开发不足进行整顿和优化。在这里提供的不仅仅是一个满足居民日常活动的场所，而是提供给这片区域一个能够纳各种城市活动的开发空间，一个城市广场。

设计说明：
将主要的活动空间安排在空中，将人们的活动重要区域由地面转移到空中，悬浮在空中的广场通过一条连廊联起来，使用人群都可以便捷的到达这样的一个交流平台。

建筑面积：1768㎡

建筑用地面积：2520㎡

停车场面积：1600㎡（原停车场面积：1200㎡）

归零·清空是激战前一杀那的宁静，那一刻的空气其实是极具紧张感的，就像"神"看起来很平静，其实却很有张力，
他是一种要讲耐力的抵抗，态度很温柔，意志却很决绝。

学校：广州美术学院建筑与环境艺术设计学院　　指导老师：王中石　　学生：劳卓健

概念表现
THE CONCEPT EXPRESS
初期设计意向
Designed an intention the early years

概念表现
THE CONCEPT EXPRESS
初期设计意向
Designed an intention the early years

概念表现
THE CONCEPT EXPRESS
初期设计意向
Designed an intention the early years

概念表现
THE CONCEPT EXPRESS
屋顶花园剖面图
Roof Garden Section

概念表现
THE CONCEPT EXPRESS
夜景-空间的情感
初期设计意向
Night - the emotional space
Designed an intention the early years

概念表现
THE CONCEPT EXPRESS
夜景-空间的情感
初期设计意向
Night - the emotional space
Designed an intention the early years

概念表现
THE CONCEPT EXPRESS
夜景-空间的情感
初期设计意向
Night - the emotional space
Designed an intention the early years

概念表现
THE CONCEPT EXPRESS
夜景-空间的情感
初期设计意向
Night - the emotional space
Designed an intention the early years

学校：北京工业大学艺术设计学院环艺系　　指导老师：张屏　　学生：杨坪

Layer Space
Architecture
空间设计

动机：从北京都市空间出发／再现／回归

北京ACC建筑与规划设计研究院办公空间设计　　----建筑　----北京

建筑外立面

Beijing University of Technology The college of Art and Design　　Design Work of 2011 Graduates　　Layer Space by Yang Ping

点评人：张屏

点　评：本项目基地位于北京朝阳区八里庄东里一号莱锦——TOWN，原有的场地是北京棉纺厂生产厂房。根据甲方提出的设计需求，对办公空间及现有建筑外立面进行设计，要求充分考虑到了设计行业的行业特征和当代办公空间的功能特性，突出了现有建筑的建筑结构特点，并在此基础上体现较高的文化审美品位。

学校：同济大学建筑与城市规划学院建筑系　　指导老师：袁烽　　学生：曹颖琳

微软城市——山地空间基础设施综合体

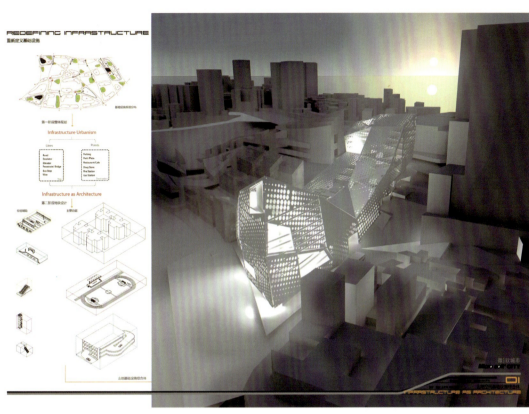

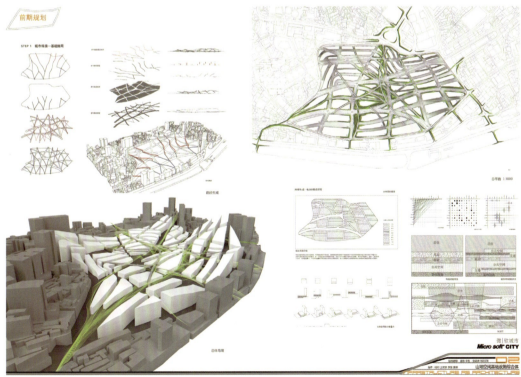

点评人：袁锋

点　评：此方案面对山地城市高差大的现状，从基础设施的视角切入，创造出一个多功能有机混合的综合体。建筑一方面解决了车行交通复杂困难的问题，另一方面又将停车场、学校、图书馆等基础设施功能统一在一起，为基地提供了一个有趣的交往和交流场所。另外，通过采光、通风、容积等方面的推敲，切削出体量和立面开窗方式，使得建筑外形十分整体，复杂性、合理性和趣味性俱佳。

学校：同济大学建筑与城市规划学院建筑系　　指导老师：袁烽　　学生：曹颖琳

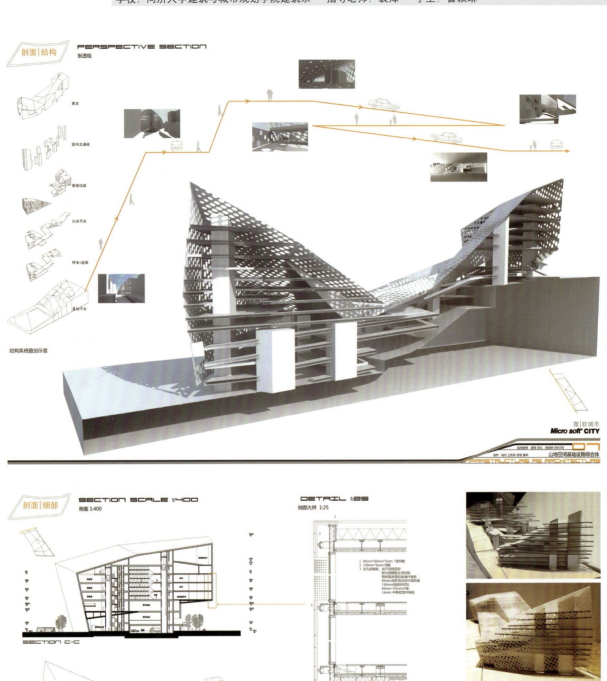

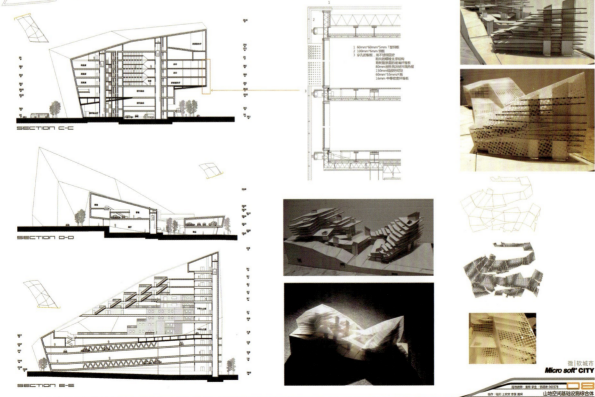

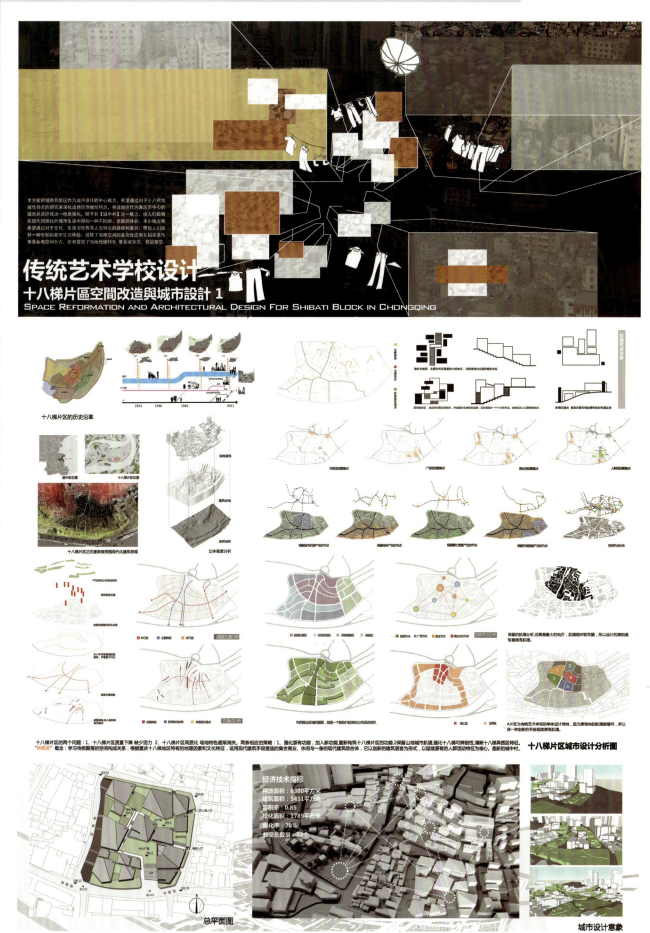

景观设计

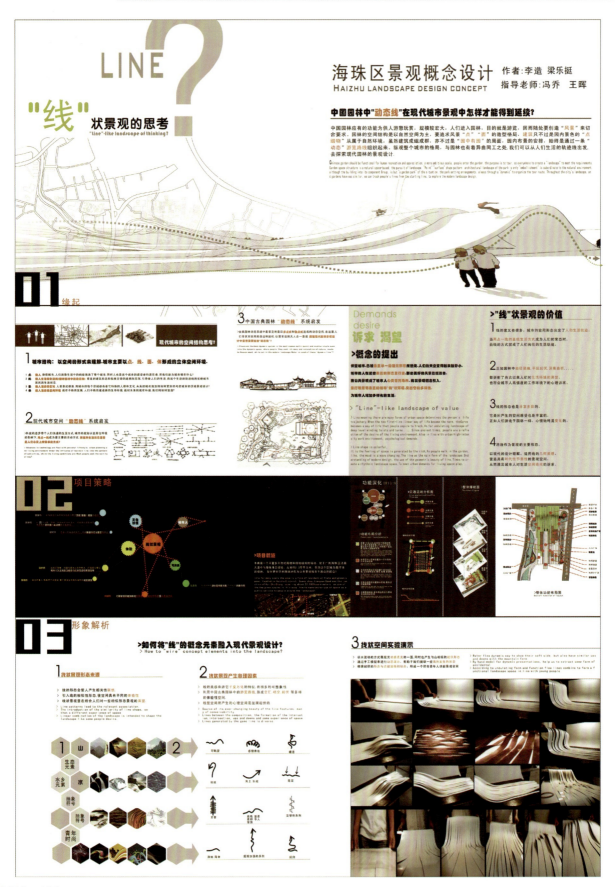

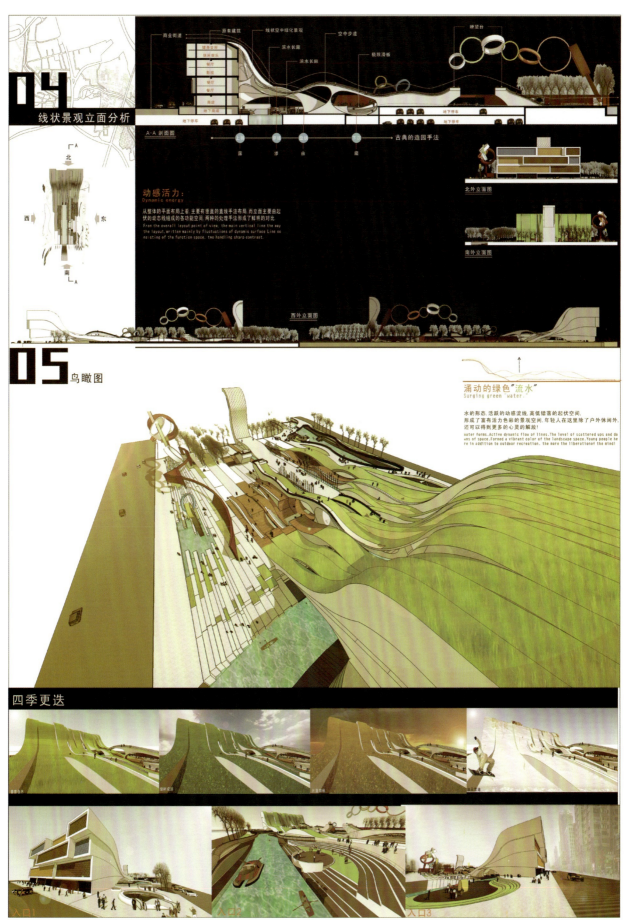

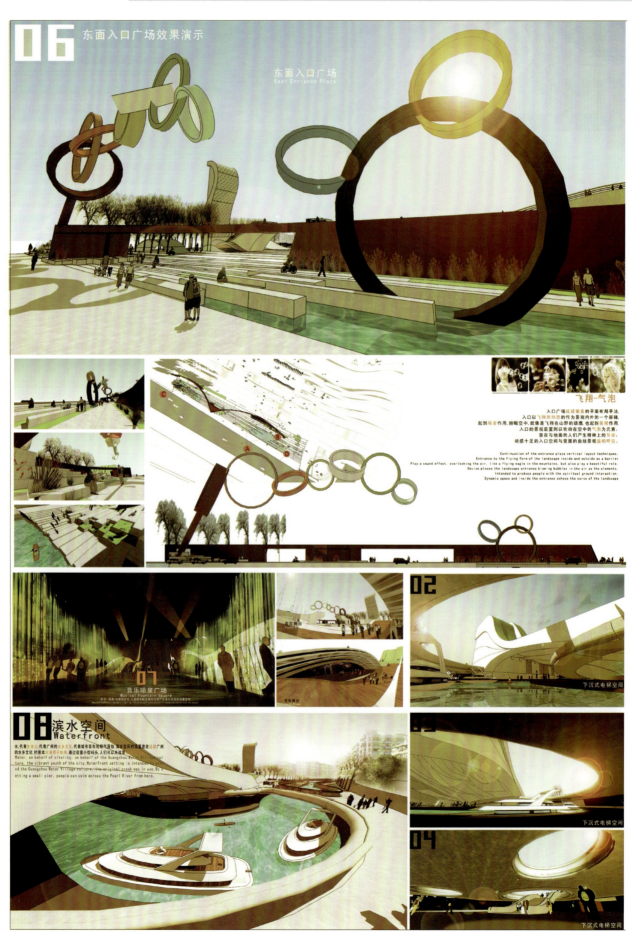

学校：广州美术学院继续教育学院环境艺术设计系　　指导老师：冯乔　王晖　　学生：李造　梁乐挺

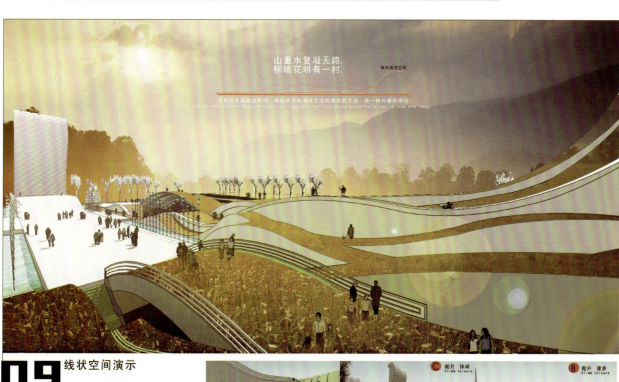

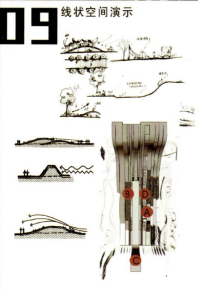

09 线状空间演示

10 线状驱策下的运动
Driven linear motion under the

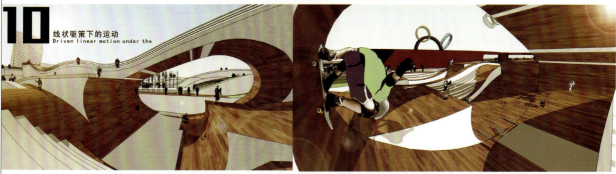

学校：昆明理工大学环境艺术设计系　　指导老师：邓薇　　学生：何浩　田飞　隋龙龙　杨银冬　唐娟　李洁　游璐　赵慧敏　鞠清华　段淑芳

作品名称：大理下山口温泉SPA度假酒店景观设计

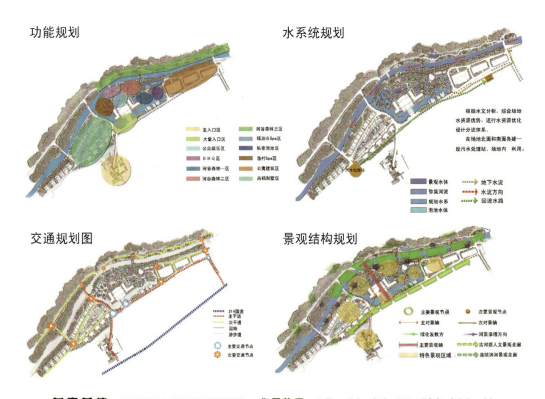

参赛单位：昆明理工大学艺术与传媒学院　　**指导教师**：邓薇　　学生：何浩　田飞　隋龙龙　杨银冬　唐娟　李洁　游璐　赵慧敏　鞠清华　段淑芳

点评人：邓薇

点　评：该设计方案能始终以实际运用出发，在对场地进行了科学系统的环境、资源、人文及功能等的分析后，结合开发商的实际需求，提出的以河流、湿地、温泉景观承载当地白族民族文化的设计理念有一定的创新精神，并在设计成果中得到贯穿落实。能深入掌握温泉SPA的功能及设计要点，优化了原有场地内的建筑及设施，并合理地规划了用地的空间，满足各类人士的需求，同时让景观融入更多的文化特质。设计作品思路表达清晰有逻辑，方案表述和图形表现形式结合也较好，注重了艺术表现和效果。

学校：昆明理工大学环境艺术设计系　　指导老师：邓薇　　学生：何浩　田飞　隋龙龙　杨银冬　唐娟　李洁　游璐　赵慧敏　鞠清华　段淑芳

作品名称：大理下山口温泉SPA度假酒店景观设计

精油区透视图

入口节点透视

渔村节点透视

渔村节点透视

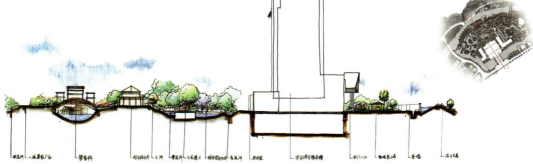

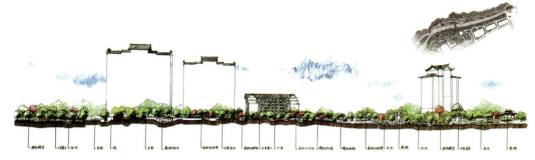

参赛单位： 昆明理工大学艺术与传媒学院　　**指导教师：** 邓薇　　学生：何浩　田飞　隋龙龙　杨银冬　唐娟
　　　　　　　　　　　　　　　　　　　　　　　　　　　　　　　　　　　　李洁　游璐　赵慧敏　鞠清华　段淑芳

061

学校：同济大学建筑与城市规划学院建筑系　　指导老师：张力　　学生：林晓海　杨满昌

点评人：张力

点　评：林晓海、杨满昌同学的设计紧扣"商业公园"主题，注重商业中心与景观要素的整合，强调商业空间与景观空间互动，使北京路商业中心与西侧无名山公园、南侧楚河等山水环境资源形成有机的整体，同时通过多层次、生态化的立体步行系统的建立，提升了购物空间的环境品质与趣味性。

学校：重庆大学艺术学院艺术设计系　　指导老师：张培颖　　学生：王彩军

点评人：张培颖

点　评：本案通过以"生命"与"自然"的交融为主题，探求人的行为轨迹与地域文化之间某种契合。借助景观建筑学解构、演变、抽象等设计方法，完成方案本土性、时代性、实用性之设计，进而重构"生命"（文化）的精神密码，对设计者而言，具有良好的愿望与诉求。设计表现富有艺术性，感染力强。

溯洄·溯游
从城市废弃城墙段到文化生态遗产廊道

学校：南京艺术学院　设计学院环境艺术系　指导老师：韩巍　姚翔翔　金晶　学生：汤子馨　罗晓波　范世忠

总平面图

项目介绍及基地概况

在对于控制城市边界、维护城市的生态系统格局以及设置城市开放空间的问题上，最佳的方式则是设置绿带。埃比尼泽·霍华德在《明日的田园城市》一书中提出，应在城市周围维修建宽度为9.6KM或更宽一些的环形绿带，限制城市面积和保护农村土地。霍华德所提出的"环形绿带"、"园形城市"等理念即是早期线性景观的一种理想化模型。

南京明外廓城墙是南京四重城的重要组成部分，作为南京城市发展历程中的重要印记，承载着城市文明前进的步伐。随着工业文明的演进，城墙从积极的城市防御空间转化成了消极的城市发展障碍空间，许多的历史遗迹逐渐荒凉、废弃。通过调研分析，此次设计选取了南京外廓城墙上凸门——观音门段作为研究地段，重新规划了这段背靠幕府山图向长江的长约六公里的线状绿色空间，探索了基于城市历史遗迹保护而构建的文化遗产廊道，城市生态廊道以及线性游憩空间的方式。通过调研、分析与规划，试图从人与景观之间关系的角度探索遗产文化廊道的构建，城市生态廊道系统的恢复与保护，城市线性游憩空间的组织等问题。

设计长度：5700m
设计面积：805000000m²
设计区位：南京外廓城墙最北段
设计内容：线性生态文化遗产廊道

南京明时代外廓城墙，又称外郭、外罗城，土城、土城头等，是当时明都南京四重城墙的最外围一道城墙。始建于1390年，设有18座城门，明城墙门有"内十三，外十八"之说，现城门均不存，自双龙大道路口至观音门一段外廓遗迹大部尚可考，地面余存30余公里，两留下继续使用的老地名则在继续使用，如安德门、双桥门、沧波门、江东门、仙鹤门、麒化门等。

明朝都城图

规划过程与方法

不同区域的活动类型

一个优秀的空间应具备有吸引人的，而对于景观空间氛围到需要主宰环境情感的营造，所有自发性、探索性的和社会性的活动都具有一个共同的特点，因只有在适宜和步行的外部条件相当时，从物质、心理和社会诸方面最大限度地创造了优越条件，并尽量消除了不利因素，使人在环境中一切可图意，它们才会发生。

点评人：韩巍

点　评：该设计通过对一段痕迹模糊的废弃历史城墙遗址进行系统的考察与评估，从城市空间的角度提出了构建一条基于历史文化遗产发掘保护与生态系统整合的城市线性廊道的设想。从人的参与、场地的活动安排以及不同观赏进程下对场地的不同感知体验等方面进行了全面的设计研究，在该线性空间贯穿的四个重点区域分别设置了两个广场、两个城市公园，并针对各部分的环境和场地特征进行了设计深化。该设计整合了历史文化与环境系统，鼓励多样化的参与形式，并提出了具体的概念设计方案。分析深入，构思细腻，设计整体感觉完整、可行，并有创新之处。

学校：南京艺术学院　设计学院环境艺术系　　指导老师：韩巍　姚翔翔　金晶　　学生：汤子馨　罗晓波　范世忠

溯洄·溯游　从城市废弃城墙段到文化生态遗产廊道

05

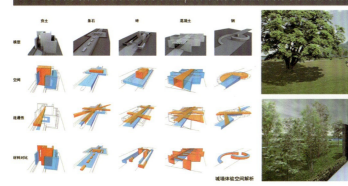

城墙体验空间解析

04. 观音门广场

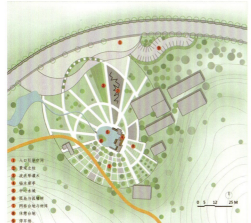

观音门广场区域现在为大片的平地，处于廊道的东端，南部为幕府山，北部为永济大道，然而该区域指向性并不明显，在此开辟一个广场，可引导人进入廊道，亦需成为廊道东端的服务中心，现场的建筑可保留其框架保留做服务性建筑使用。

广场中心设计一水域，水中布置一小岛，上面种植一颗枯树。通过此水域营造广场的中心与场所感，由这个位于广场中心的水域为中心点，道路向四周扩散，并在横向上通过椭圆状的道路连接，整个广场的形状为椭圆形。水域的东部为廊架小亭，这里是临水观景的最佳区域，通过水面、孤岛和孤植树相互依偎。广场北部是随着地形上升的台地，由放射状线条分出了脉络清晰的网格，网格中种植乔木，在每一级的网格中，随机挑选一格放置花岗岩石块，石块上刻画历史地图，以切合场地的主题性。

雨水收集

小气候的改善

多样化的植被

在场地中的位置

观音门广场西北部景观

观音门广场平面图

观音门广场构建层次

树阵与景观树　硬质地面

草地　网格系统　山体与水体

观音门广场体憩区域

观音门广场入口引导空间

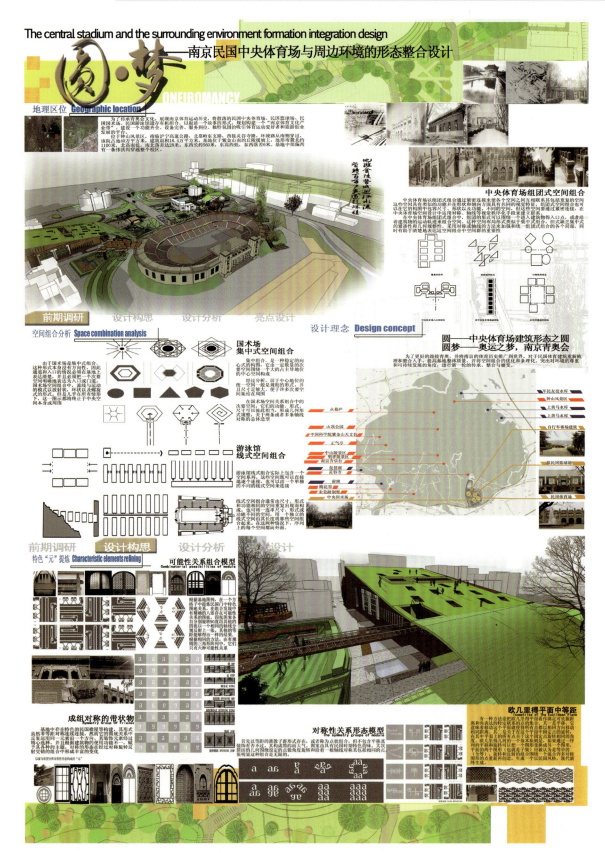

学校：南京艺术学院 设计学院环境艺术系　指导老师：卫东风　丁源　学生：朱春梅

圆·梦 ONEIROMANCY
The central stadium and the surrounding environment formation integration design
南京民国中央体育场与周边环境的形态整合设计

点评人：卫东风　南京艺术学院设计学院　教授

点　评：作品有三个亮点：其一，与"文化遗存"联系，民国中央体育场具有特色的历史文化价值、保护与空间置换、空间再生；其二，与"重大事件"联系：2014年南京青奥会有运动项目将在这里举办，各级政府将重视完善这里的服务设施并重点建设该区域。为整个体育事业的发展注入强大的动力；其三，与"地域场所"联系：位于青奥会"人文风景区"钟山风景区，该区域以城市人文自然风景为特色，积极倡导人与自然的和谐共生。作品的空间结构设计有所创新，细节处理得当，在装置、景观建筑结构方面都有着自己独特的见解。

学校：西北农林科技大学艺术系　　指导老师：陈敏　刘艺杰　　学生：李满园

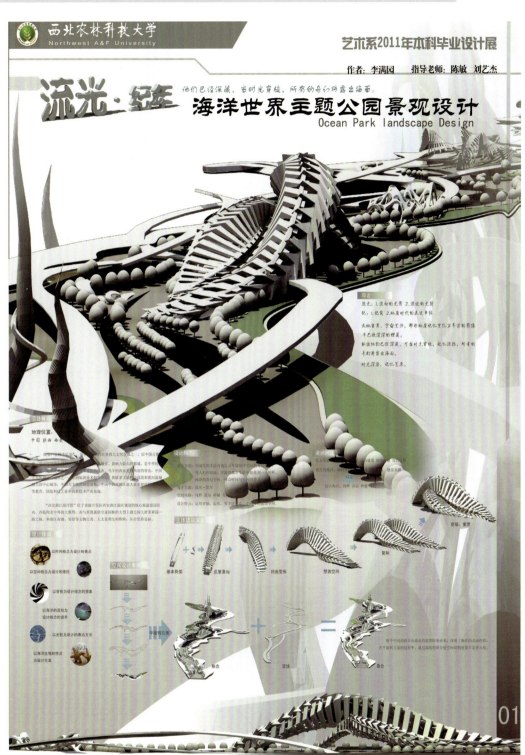

点评人：闫英林　沈阳航空航天大学设计艺术学院副院长
点　评：该海洋世界主题公园景观设计工程方案，以海洋生物象形造型系统性地组织景观空间，诠释了生态学的共享共存的自然发展关系，以抽象化的造型适合人们心理和视觉化的主题环境和感知，建筑景观整体、景域景区系统、空间的节奏韵律把握适当。
点评人：陈敏　西北农林科技大学艺术系教授
点　评：设计通过巧妙运用后现代及现代的表现手法结合现代海洋公园的景观特征，力求传达和再现一种奇幻神秘的海洋文化精神，远古的历史感通过各种海洋古生物和骨骼化石的艺术表现，运用最基本的重复、对比、扭曲等艺术手法构成一系列完整的城市海洋主题公园景观游憩流线，让人们能够贯穿其中体验海洋文化带来的时间与空间两个维度的双重感受。
点评人：刘艺杰　西北农林科技大学艺术系教授
点　评：创意纯粹新颖，构成流畅灵动，层次结构的把握都如海洋世界那样，丰富、神秘、奇幻。巧妙地将海洋的各种形态及海洋生物的形态，结合在整体景观装饰中，做到整体把握与细节的合理结合。

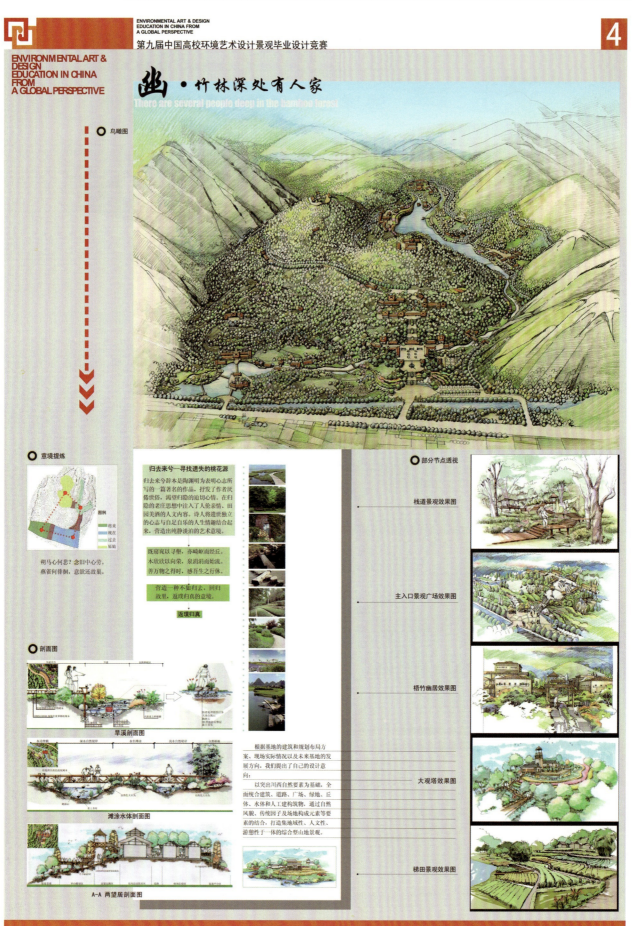

学校：重庆大学艺术学院艺术设计系　　指导老师：张培颖　　学生：陈福元

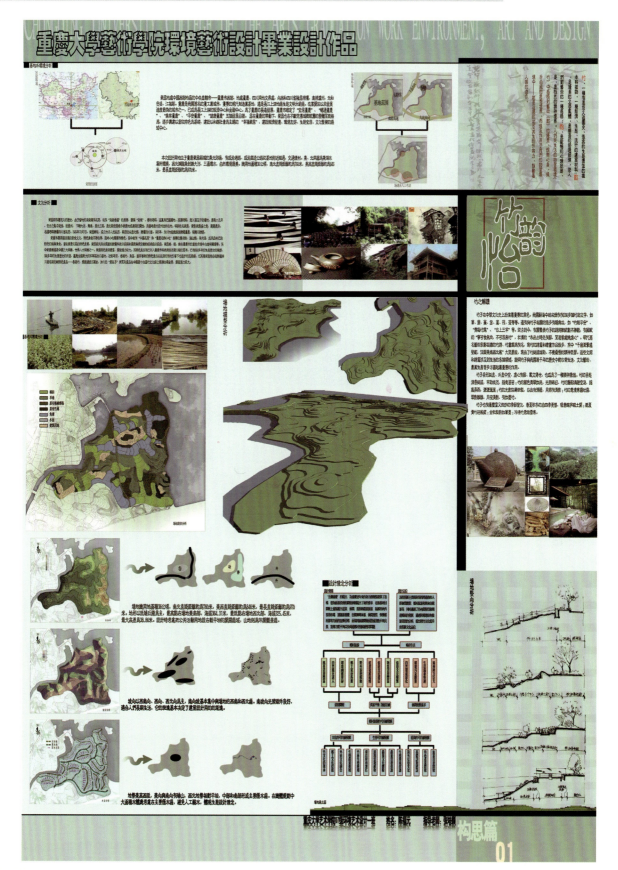

点评人：张培颖

点　评：符号是具体形态的抽象，是图形图像的意象表达。本案以"竹"为基本符号，通过"竹"的理念，运用形式美学的肌理、渐变、突变、对比等多种形式，充分表达了场地总体、个体乃至细节设计，完美的描绘了竹、韵、怡三个元素在景观及建筑上构想，同时解决了特定条件下固有的功能流线架构，诠释了竹韵的意境。

学校：西北农林科技大学艺术系　　指导老师：陈敏　刘艺杰　　学生：郭月祥

泾渭城市运动公园与景观设施设计

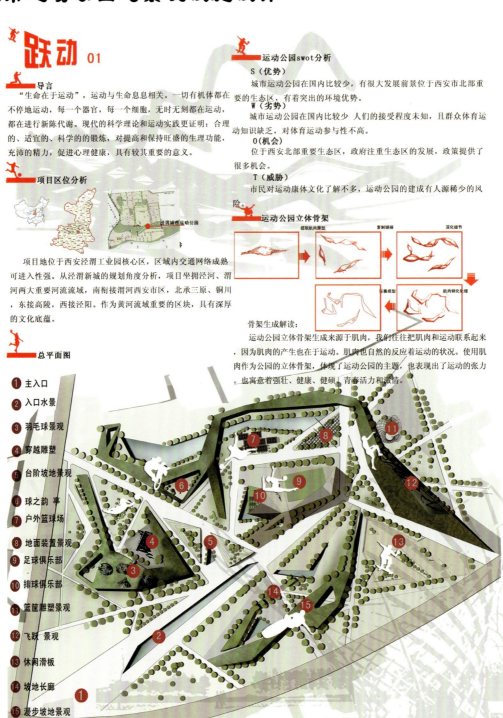

点评人： 陈敏　西北农林科技大学艺术系教授

点　评： 设计通过对场地及其周边地区的自然、社会、经济、体育文化等要素进行了综合的分析与评价，在其场地布局结构、空间组织等方面进行探讨，其方案设计内容表述清楚、规范，图面饱满、富有艺术表现特色。合理运用现代的表现手法，大几何形的平面构成感，能够充分展现城市运动公园自身所具有的场地精神和文化内涵，对景观的再现和表现方式较有创新。

点评人： 刘艺杰　西北农林科技大学艺术系教授

点　评： 简洁、纯粹的直线运用，展现了体育的刚毅、向上、青春活力与激情。现代材质结合一系列的体育运动形式，展现了一幅生动活跃的体育运动场景，表现手法概括抽象，注重现代审美情趣和时代感！

学校：清华大学美术学院　　指导老师：方晓风　　学生：郝培晨

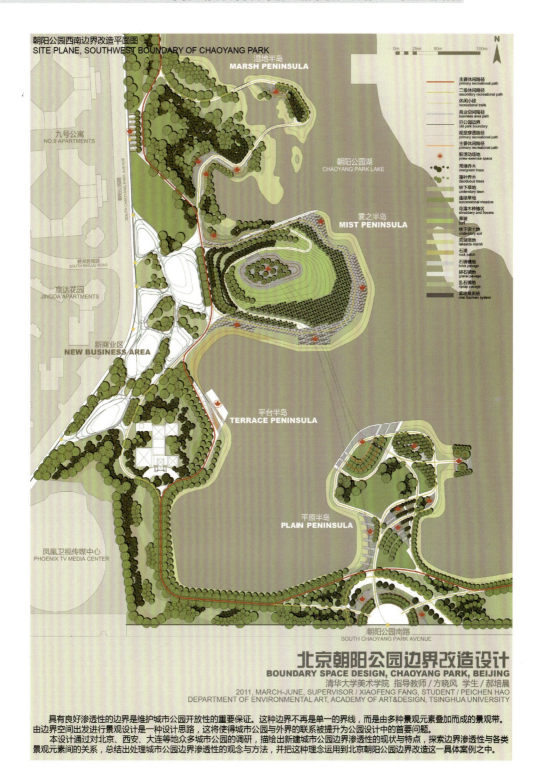

北京朝阳公园边界改造设计
BOUNDARY SPACE DESIGN, CHAOYANG PARK, BEIJING

清华大学美术学院　指导教师／方晓风　学生／郝培晨
2011, MARCH-JUNE, SUPERVISOR / XIAOFENG FANG, STUDENT / PEICHEN HAO
DEPARTMENT OF ENVIRONMENTAL ART, ACADEMY OF ART&DESIGN, TSINGHUA UNIVERSITY

具有良好渗透性的边界是维护城市公园开放性的重要保证。这种边界不再是单一的界线，而是由多种景观元素叠加而成的景观带。由边界空间出发进行景观设计是一种设计思路，这将使得城市公园与外界的联系被提升为公园设计中的首要问题。

本设计通过对北京、西安、大连等地众多城市公园的调研，描绘出新建城市公园边界渗透性的现状与特点，探索边界渗透性与各类景观元素间的关系，总结出处理城市公园边界渗透性的观念与方法，并把这种理念运用到北京朝阳公园边界改造这一具体案例之中。

点评人：赵慧宁　南京工业大学艺术设计学院副院长
点　评：该方案根据城市发展的目的与需要出发，对公园边界改造设计提出思考，并从行人行为、间接视域、阳光照射等方面进行了分析研究，对现状进行了梳理与总结，并提出了设计策略与方法，该方案设计科学、理性，具有较好的操作性。

点评人：方晓风　指导老师，兼《装饰》杂志主编
点　评：该同学的设计建立在比较扎实的调研基础上，考察了多种类型的城市公共空间。边界问题是城市公共空间设计中日益引起重视的问题，某种程度上可以说，边界设计的品质决定了城市公共空间的品质，公共性和开放性是目前我国城市公园建设中应该优先关注的品质，原因在于原来的公园建设偏向于休憩功能的实现，而忽视了城市景观资源如何发挥效益的问题。郝培晨带着这一研究目标进行设计，以北京朝阳公园的西南部分为对象，在过程中更提出了从边界反推内部主要景观设置的观点，并以自己的设计来验证这一方法，取得了有说服力的成果。这是一个很好的研究型设计的范例。

学校：清华大学美术学院　　指导老师：方晓风　　学生：郝培晨

 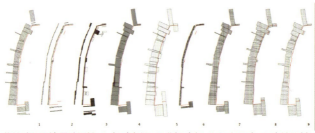

紫竹院公园边界渗透性：1.机动车辆；2.非机动车；3.行人行动；4.直接视域；
5.间接视域；6.直接声域；7.间接声域；8.空气污染；9.阳光照射

古典式公园，传统模式，传统形式，围湖造园，树荫遮掩，空间内向。

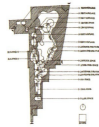 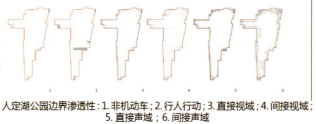 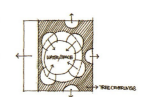

人定湖公园边界渗透性：1.非机动车；2.行人行动；3.直接视域；4.间接视域；
5.直接声域；6.间接声域

折衷式公园，传统模式，现代形式，存在核心，局部向周边环境开放。

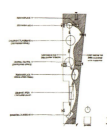  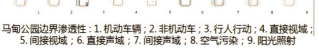 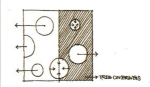

马甸公园边界渗透性：1.机动车辆；2.非机动车；3.行人行动；4.直接视域；
5.间接视域；6.直接声域；7.间接声域；8.空气污染；9.阳光照射

现代式公园，概念模式，现代形式，散点空间，场地大量向环境开放。

朝阳公园西南边界改造鸟瞰图
AERIAL PERSPECTIVE, SOUTHWEST BOUNDARY OF CHAOYANG PARK

学校：清华大学美术学院　　指导老师：方晓风　　学生：郝培晨

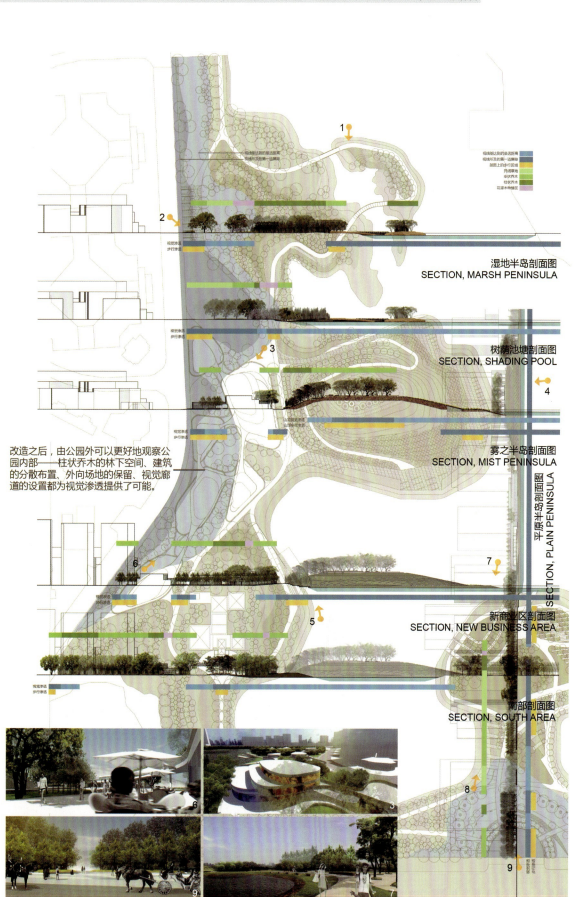

湿地半岛剖面图
SECTION, MARSH PENINSULA

树荫池塘剖面图
SECTION, SHADING POOL

雾之半岛剖面图
SECTION, MIST PENINSULA

平原半岛剖面图
SECTION, PLAIN PENINSULA

新商业区剖面图
SECTION, NEW BUSINESS AREA

南部剖面图
SECTION, SOUTH AREA

改造之后，由公园外可以更好地观察公园内部——柱状乔木的林下空间、建筑的分散布置、外向场地的保留、视觉廊道的设置都为视觉渗透提供了可能。

学校：清华大学美术学院　　指导老师：方晓风　　学生：郝培晨

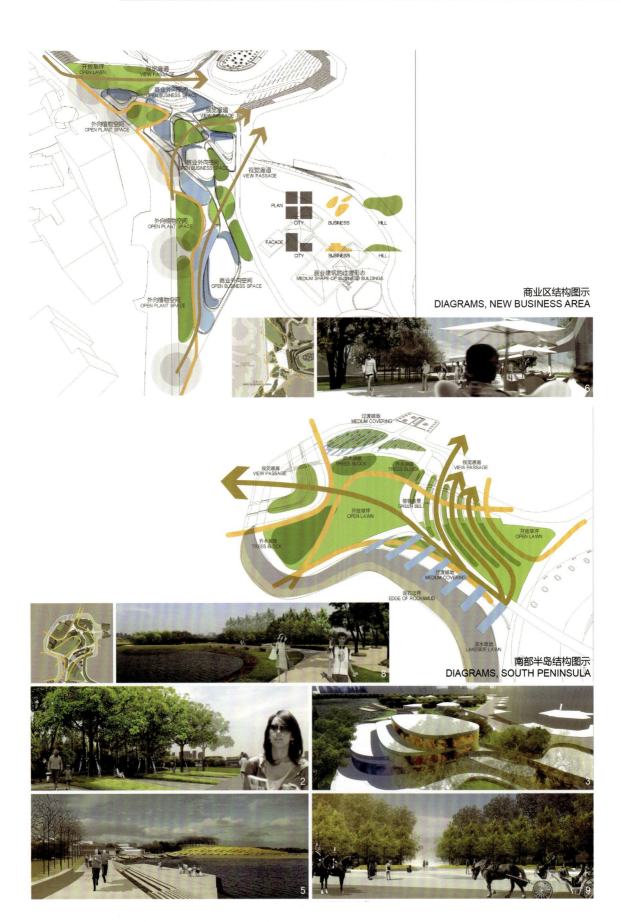

商业区结构图示
DIAGRAMS, NEW BUSINESS AREA

南部半岛结构图示
DIAGRAMS, SOUTH PENINSULA

学校：西北农林科技大学艺术系　　指导老师：刘艺杰　陈敏　　学生：桂绪龙

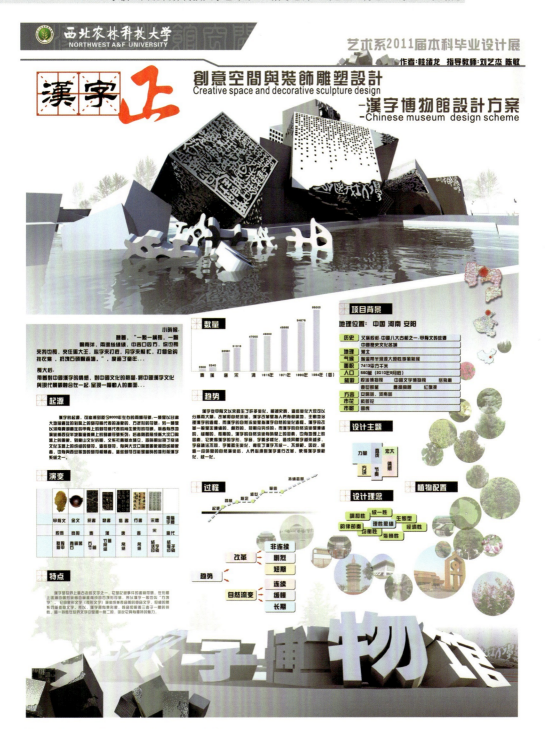

点评人：闫英林　沈阳航空航天大学设计艺术学院副院长
点　评：该汉字博物馆景观设计创意体现汉字的象形及特点，以块的方式组织建筑与景观，系统的延续适合水体，以汉字的构成元素组织景观空间，演绎汉文化在历史长河中涓涓流长。

点评人：陈敏　西北农林科技大学艺术系教授
点　评：设计者能够从场地和历史两个方面入手对所选择汉字博物馆方案设计这主题展开深入的研究，利用系统的科学的分析而非简单的感性的构想发现"汉字"本身的特质，通过熟练和富有个性的设计手法勾勒出一个融历史古汉字演化展示及汉字文化保护于一体的城市公共空间。各部分景观节点寓意深刻，形式统一，空间序列丝丝入扣；图纸表现简洁有力，景观要素的运用与主题风格切合得恰到好处，体现了设计者成熟和扎实的设计功力。

点评人：刘艺杰　西北农林科技大学艺术系教授
点　评：将中国传统的文字结合现代的设计手法，文字以图符号、景观元素的形式结合现代材料表现，形成一个极具现代审美意义同时又具有强烈民族精神的现代创意景观空间。设计者熟练地将传统文化题材和现代设计语言相结合，体现设计者对中华民族传统文化的理解具有一定的高度和热爱。同时，以中华民族博大精深的文字为元素，创造有现代美感的创意空间，将交流和信息传达的文字直接构成现代景观，使游客可以在游走于文字之间，增加空间的灵活变化的同时，体现了创意空间中功能性与创意艺术性的高度结合。

学校：哈尔滨工业大学建筑学院景观与艺术系　　指导老师：吕勤智　曲广滨　　学生：朱柏葳

点评人：吕勤智、曲广滨

点　评：该设计是涉及湿地生态景观设计的课题，具有一定的挑战性。设计者能够运用景观生态理论为指导，使方案建立在对场地深入理解的基础之上，体现了对场地特征的理解和较为准确的把握；运用了GIS地理信息系统进行场地的分析，反映出理性的设计思维及较为严谨的技术把控，做到感性与理性的有机结合；方案在维护场地自然系统完整性和保护生物多样性等方面提出了有见解性的概念和解决方案；方案体现了对场地内资源问题的关注和对自然生态环境的保护；设计成果与设计目标、原则、理念具有较好的一致性。

毛细现象
哈尔滨松花江上游群力新区城市湿地公园景观设计

Landscape Design of Wetland Park on the upper reaches of the Songhua River in QunLi, Harbin

"人"主题功能区

眺望观景塔

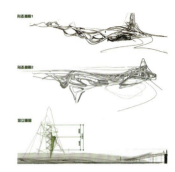

选址理由

主要技术节点

"人"主题功能区
主要景观节点：
1. 入口雕塑
2. 入口广场
3. 观景桥
4. 亲水观景台
5. 净化水泡
6. 瞭望观景塔
7. 上下交通交换点

亲水观景台

观景桥

Landscape Design of Wetland Park on the upper reaches of the Songhua River in QunLi, Harbin

点评人：刘晓军

点　评：本设计针对城市无序蔓延，侵吞大量农耕地等问题，在城市边界建造新型地坑窑社区，整合周边环境，提高土地利用，最大限度的维护耕地面积，增加城市景观绿化率。景观与建筑和谐发展，把传统的横向空间模式转为竖向发展。充分利用耕地和景观的互通性，保留建筑的传统文化特征和节能化，展示出不同的景观设计思路，创意独到，具有很高的实践价值。

RECOVER THE LOST LAND
恢复遗失的土地

学校：西安建筑科技大学艺术学院　　指导老师：刘晓军　杨豪中　　学生：毕鹏鹏　毛双　张瑞坤　朱玮　武凯

"求学的阶梯"

此区域"求学的阶梯"为主题，运用台阶形成独特的半围合空间，创造出学习的最佳氛围。设计也试图对庄稼、果树、蔬菜和校园做一个重新的认识，让可食用性景观进入校园，使得学生在一个现代城市环境中学习书本知识的同时，能感受自然的过程、四季的演变、农作物的春秋和民以食为天的道理。

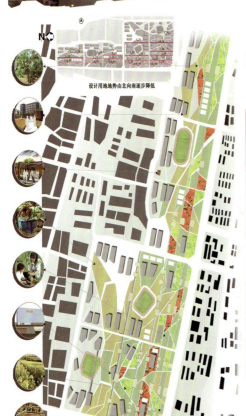

设计用地地势由北向南逐步降低

可食用性景观分布

半围合空间的高度根据阶梯的数量而定从1.7米到5.2米不等。

半围合空间旁设置无障碍通道，满足各种人群需求。

半围合空间形成了相对安静的氛围，更适合学生交流、学习。

■ 建筑
■ 半围合空间
■ 阶梯

区域分析

文化交流区　学校A
工业区　学校B　学校C
　　　　　　　住宅区

校园可食用性景观：

可食用性景观：是指那些包含人类可食用的植物物种构建的园林景象。即在城市中栽培果树、种植菜园、创办药圃、苗圃等直接获得经济利益。

此区域设计中大量食用小麦等当地农作物、本土蔬菜、乡土果树为景观基底，显现场地特色。不但投资少，易于管理，而且能形成独特的、经济高产的校园田园景观。

校园内种植可食用性景观，满足一部分人实物的自给自足。

小麦　包菜　蔬菜　橙子

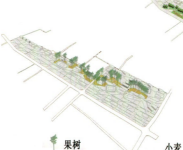

果树　　小麦　果树　蔬菜

作品名称：恢复遗失的土地　　　　　　　　　　作　者：毕鹏鹏　武凯　张瑞坤　毛双　朱玮
学校：西安建筑科技大学艺术学院　　　　　　　指导老师：杨豪中　刘晓军

学校：大连理工大学建筑与艺术学院　　指导老师：唐建　林墨飞　　学生：高兴

LANDSCAPE ARCHITECTURE FOR NEED/CITY. LIVING SYSTEMS OF ECOLOGY WETLAND. PLACE:LAKE LONG,DALIAN,LIAONING,CHINA.

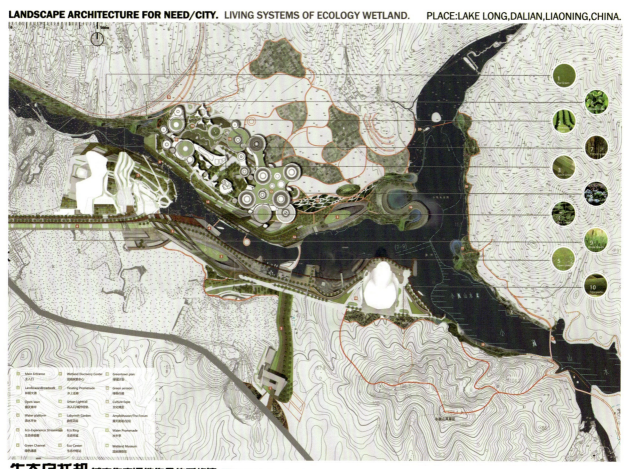

生态乌托邦 城市生态湿地生命体系构建 ECOTOPIA-LIVING SYSTEMS OF ECOLOGY WETLAND

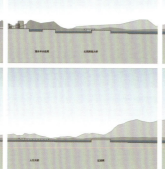
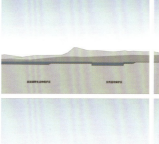
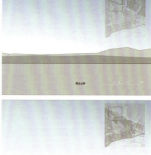

学校：清华大学美术学院　　指导老师：郑曙旸　崔笑声　　学生：刘浏

交往空间 视觉可达性设计研究

项目背景：

项目名称：清华大学校园规划修订项目
项目时间：2003-2004
项目负责人：丹尼斯·斯科特·布朗(Denise Scott Brown)
　　　　　　罗伯特·文丘里(Robert Venturi)
问题与课题：
1. 校园内各种行为各自集中，缺乏联系。
   各专业被规划在独立的地段上
2. 公共教学区集中设置，与宿舍区相互分离，可达性差

规划建议：
在清华大学主楼前的开放环境内增加一处学生服务型空间
进一步提升主楼前区的校园活力，为师生提供交流平台。

——节选自《清华大学校园规划修订咨询报告》

视觉可达性：

视觉可达，顾名思义即"看得见"。"视线是重要的，如果人们看不到某个空间，他们就不会使用它"。在使用者对它到的存在预先不知晓的前提下，使用者对该空间的使用具有偶发性与随机性等特点。该空间被哪些使用者选择使用的关键因素是该空间被置放在某种形式被注目的程度。因此，在形成一步被使用的机会，可视为视觉增加潜在使用者的机会与努力，通过提高空间被使用的效率。

[注] Whyte, William H. The Social Life of Small Urban Space. Washington D. C. Conservation Foundation, 1980

通过提高视觉可达性的设计研究，我们可以分析出让空间活下活跃度使用者发现的空间因素与空间形式。通过改变空间自身的形式等特点增加空间被使用的机会与努力，通过提高空间被使用的效率。

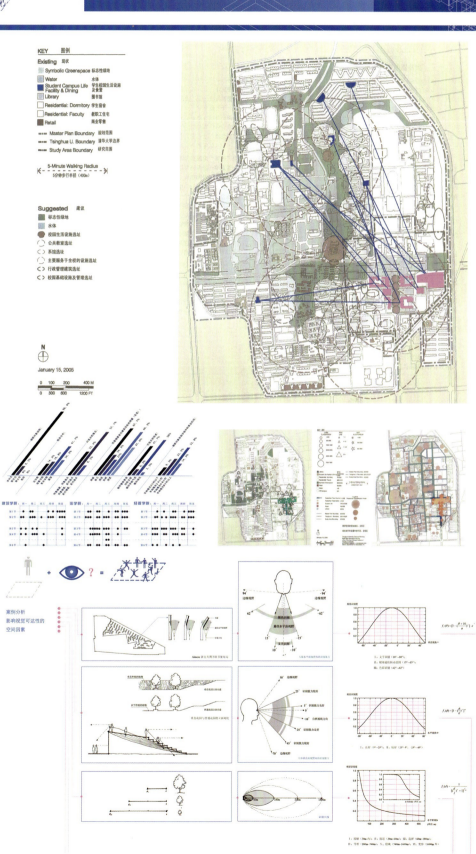

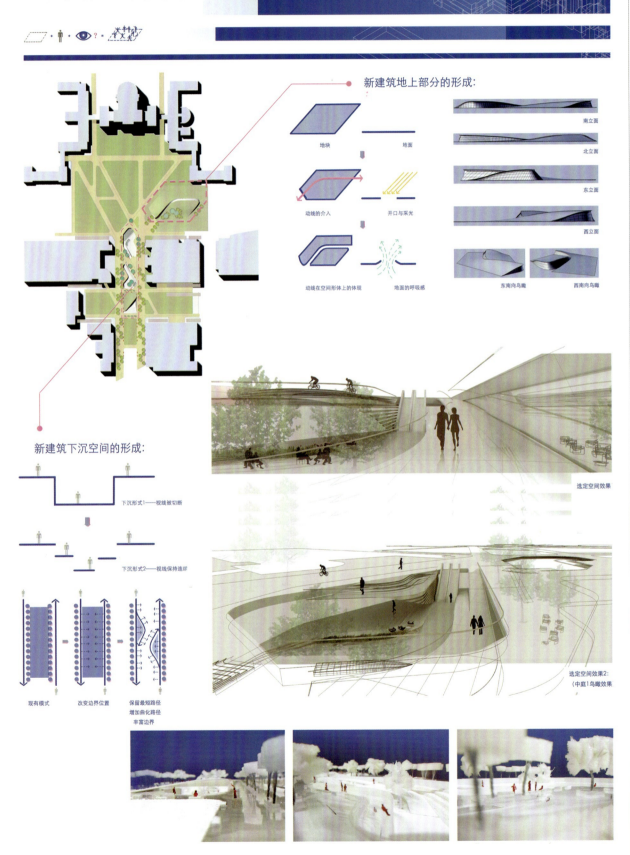

学校：清华大学美术学院　　指导老师：郑曙旸　崔笑声　　学生：刘浏

交往空间 视觉可达性设计研究

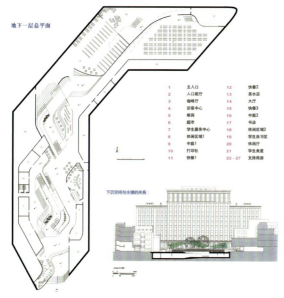

地下一层总平面

1 主入口	12 快餐2
2 入口前厅	13 茶水店
3 咖啡厅	14 大厅
4 访客中心	15 快餐3
5 邮局	16 中庭2
6 超市	17 书店
7 学生服务中心	18 休闲区域2
8 休闲区域1	19 学生自习区
9 中庭1	20 休闲厅
10 打印社	21 学生食堂
11 快餐1	22—27 支持用房

下沉空间与主楼的关系：

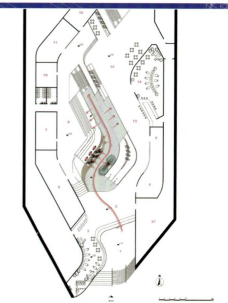

错层与视觉可达：

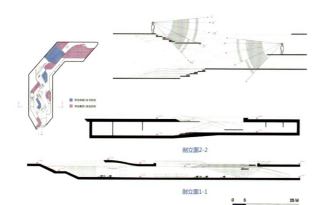

剖立面2-2

剖立面1-1

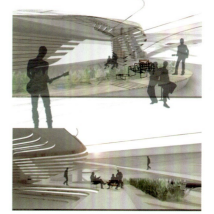

下沉空间效果：

下沉空间效果

学校：厦门大学嘉庚学院艺术设计系　　指导老师：叶茂乐　　学生：周艺川　黄君虹

点评人：叶茂乐

点　评：该设计是一个优秀的设计作品，其对厦门白鹭洲片区现状生态问题进行深入挖掘，从根源解决白鹭洲现存问题。在设计改造中作者运用了污水处理工程技术及红树林生态修复措施，对场地进行有效并长期计划性改造，从解决白鹭洲污水排放问题及丰富植被多样性。届时白鹭洲将呈现出海水景观与淡水景观相容的局面，通过形态设计和有效功能分区，吸引人气，丰富休闲文化格局，增加绿化连续性，为厦门打造一个完美的都市绿洲。

学校：四川美术学院艺术设计学院环境艺术设计系　　指导老师：韦爽真　　学生：王玉龙　程炎青

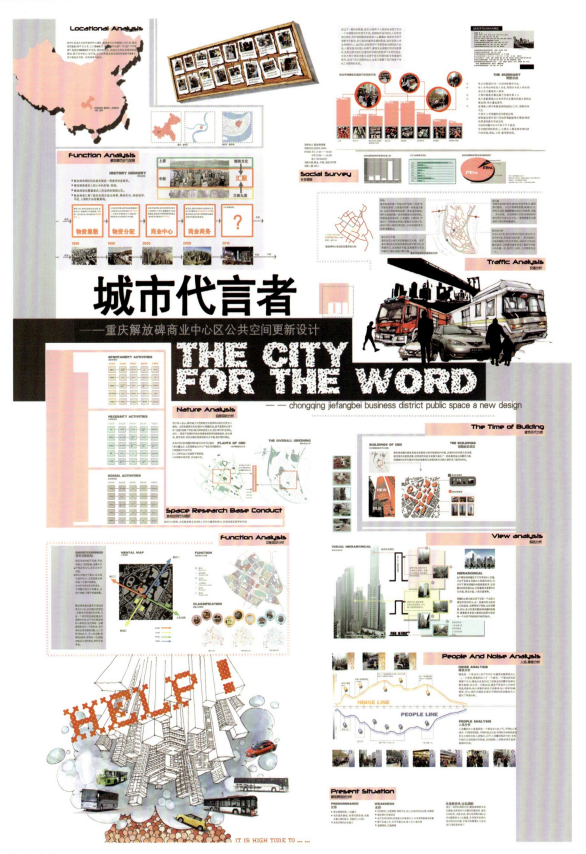

点评人：韦爽真

点　评：该作品关注的城市设计中的城市公共空间品质滞后的问题。在与同样定位于"国际大都市"的东京、中国香港等地的公共环境，两位作者认真思考了重庆这个具有悠久历史与地域文化风貌的城市，大胆的锁定解放碑商业中心这个万众瞩目的老城地标中心，运用空间层级、空间代换、空间转接等现代城市设计语言和方法，打造未来的公共空间，树立崭新的城市形象与风貌。作品立意新颖，构思巧妙，问题的提出、解析与途径都展现出一个优秀毕业生的专业见地。

学校：华南农业大学林学院风景园林与城市规划系　　指导老师：李敏　　学生：魏忆凭　骆智煜

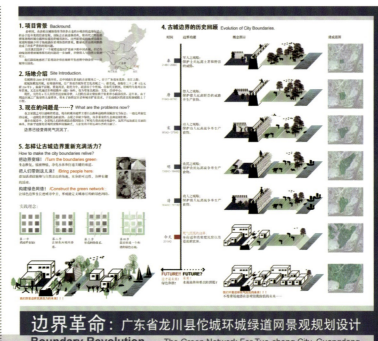

边界革命：广东省龙川县佗城环城绿道网景观规划设计
Boundary Revolution. The Green Network For Tuo-cheng City, Guangdong.

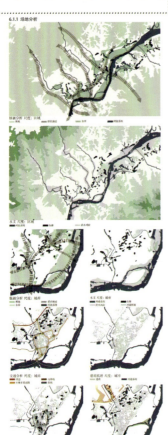

点评人：李敏

点　评：历史文化名城的景观保护与更新是一个世界性的难题。作者通过对始建于2200年多前的南越王赵佗故城进行深入调研，基于实际项目设计提出以更新古城边界景观、建设环城绿道网为契机，恢复、提升、活化佗城历史街区的景观品质，促进当地社会经济可持续发展；设计构思立意深远且独特。同时，设计内容注重理论联系实际，将现代最新的城乡绿道网建设理念与古城风貌保护与更新巧妙融为一体，增加了设计主题的时代感与可操作性。

学校：华南农业大学林学院风景园林与城市规划系　　指导老师：李敏　　学生：魏忆凭　骆智煜

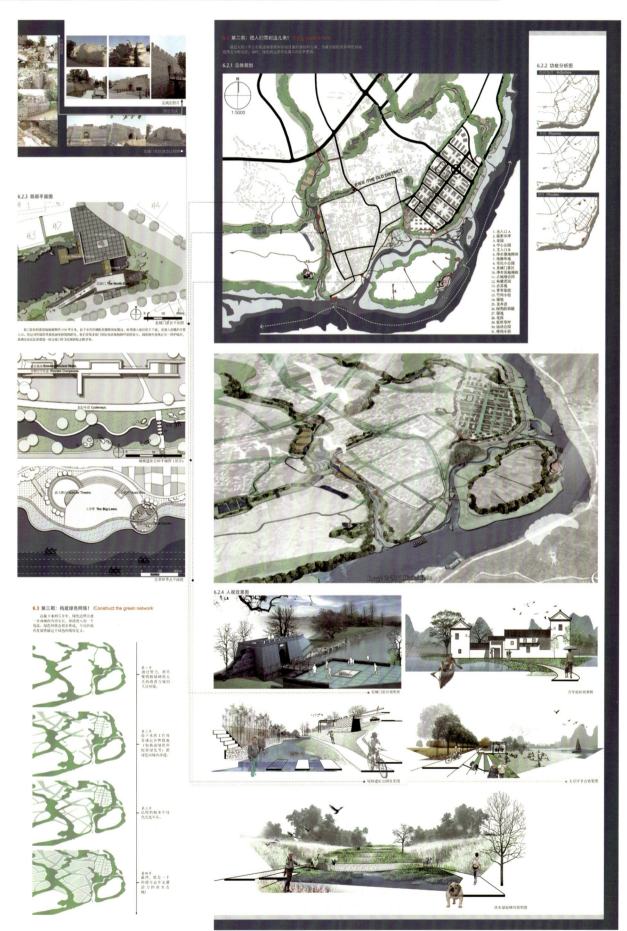

顶上漫步
Walking on top of roof

学校：四川美术学院艺术设计学院环境艺术设计系　　指导老师：余毅　　学生：王璐

全景鸟瞰图
Panoramic bird's-eye view

设计思路： 以山地城市库区万州为背景，濒临支流苎溪河。在依附山势的建筑群上形成从低到高的层叠关系，与周边环境组成统一和谐的景观体系。配合建筑群依山傍水、错落层叠的风格，借鉴梯田的形式进行植物的搭配种植，利用季相的更替达到色彩和形态上的变化，带来视觉上的感官刺激。集合购物、餐饮、娱乐、休闲、观景为一体的大型公共空间，为了弥补和增加绿化面积、降低能耗、保护建筑屋面并改善局部小气候，在屋顶进行系统规划设计，使之最大限度发挥使用，以满足现代、时尚、实用、参与性、生态、可循环的人气聚集空间。

观景视线
Scenic view

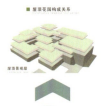
屋顶花园构成关系

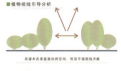
植物视线引导分析

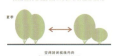

五层视线通道
四层视线通道
三层视线通道
二层视线通道
一层视线通道

三层观景平台
Three viewing platform

二层观景平台
Two viewing platform

一层观景平台
Sight channel layer

无边际水池（一层观景平台）

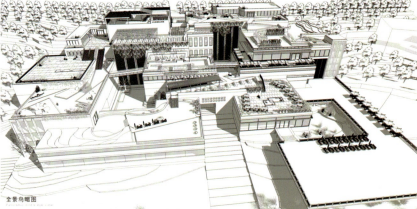
全景鸟瞰图

学校：广州美术学院建筑与环境艺术设计学院　　指导老师：朱再龙　　学生：朱涛

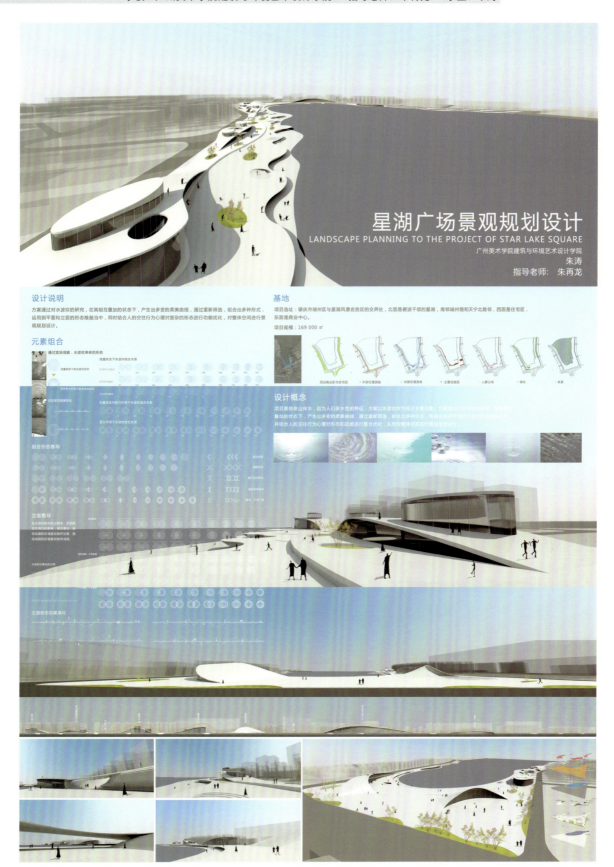

点评人：朱再龙

点　评：本设计以水的波纹为造型原型，通过受力状态下的水纹变化推演造型组合，结合肇庆星湖周边自然山水、地形、交通、城市空间节点功能等条件演绎出符合该场地的城市景观空间。用最简约的形式融合了场地中各种复杂功能及行为模式，是运用参数设计思维的典型现代设计模式。景观形式新颖、纯净，表现富有诗意，但设计深度明显不够。

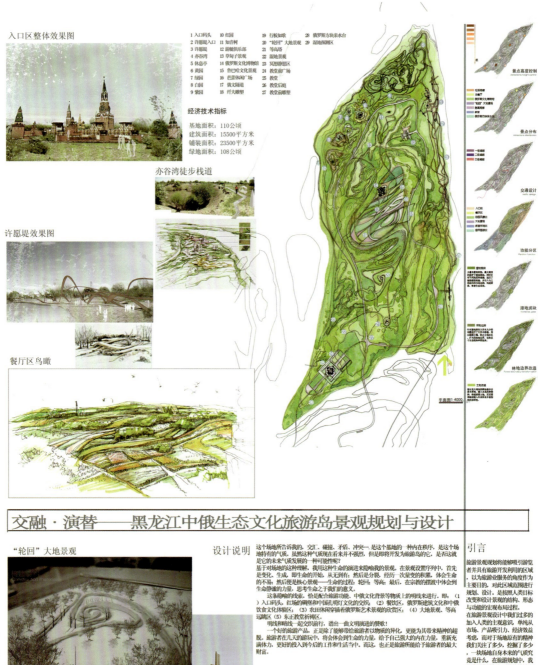

交融·演替——黑龙江中俄生态文化旅游岛景观规划与设计

学校：哈尔滨工业大学建筑学院景观与艺术系　　指导老师：邵龙　　学生：李文娇

引言

旅游景观规划设计能够吸引浏览者并共有旅游开发利用的区域，以为旅游业服务的角度作为主要目的，对此区域范围进行规划、设计，是按照人类目标改变和设计景观的结构、形态与功能的宏观布局过程。

在旅游景观设计中我们过多的加入人类的主观意识，单纯从市场、产品吸引力、经济效益考虑，而对场地原有的精神我们注了多少，挖掘了多少，一块场地自身本来的气质究竟是什么，在旅游规划中，我们是否应该加入对场地精神和人文更多的关注和关怀。

本设计对此进行了较为深入的探索，研究在旅游景观设计中，除了做到突出旅游产品特色、将旅游效益最大化，还应当注意场地原真性的保护，保留其原有的生态环境和并尊重曾经的土地参与者的感受。

设计说明

这个场地所告诉我的，交汇、碰撞、矛盾、冲突……是这个基地的一种内在秩序，是这个场地特有的气质。虽然这种气质现在看来并不强烈，但是即将开发为旅游岛的它，是否这就是它的未来气质发展的一种可能性呢？

基于对场地的这种理解，我用这种生命的演替来隐喻我的景观。在景观设置序列中，首先是变化，生成，即生命的开始；从无到有；然后是分裂，经历一次重要的积累，体会生命的不易；然后是核心景观——生命的过程；轮回，等等；最后，在宗教的洗礼中体会到生命静谧的力量，思考生命之于我们的意义。

这条隐喻的主线，恰会配合旅游功能、中俄文化背景等物质上的明线来进行，即：（1）入口码头、红园的前端与中国礼明打文化的交汇。（2）餐饮区，俄罗斯建筑文化和中俄饮食文化体验区，农田休闲穿插着俄罗斯艺术景观的欣赏区。（4）大地景观、等高远眺区（5）东正教堂祈祷区。

明线和暗线一起交织前行，谱出一曲文明演进的赞歌！

一个好的旅游产品，正是除了能够带给旅游者以物质的异化，更能为其带来精神的超脱。旅游者在几天的游玩中，将会体会到生命的力量，给予自己强大的内在力量，重新充满动力，更好的投入到今后的工作和生活当中。而这，也正是旅游景观能够带给予旅游者的最大财富。

点评人：邵龙

点　评： 该设计基于对场地地理位置、人文精神、当地居民需求以及基地特殊的生态环境的综合考虑，通过对场地现状深入的调研分析，提炼出"交汇、碰撞、矛盾、冲突"是这个基地蕴含的内在秩序和特有气质。基于对该场地精神的这种理解，本设计采用以"生命的演进"为主题的景观来隐喻岛屿的精神气质。

室内设计

学校：广州美术学院继续教育学院环境艺术设计系　指导老师：钱缨　学生：何耀坤

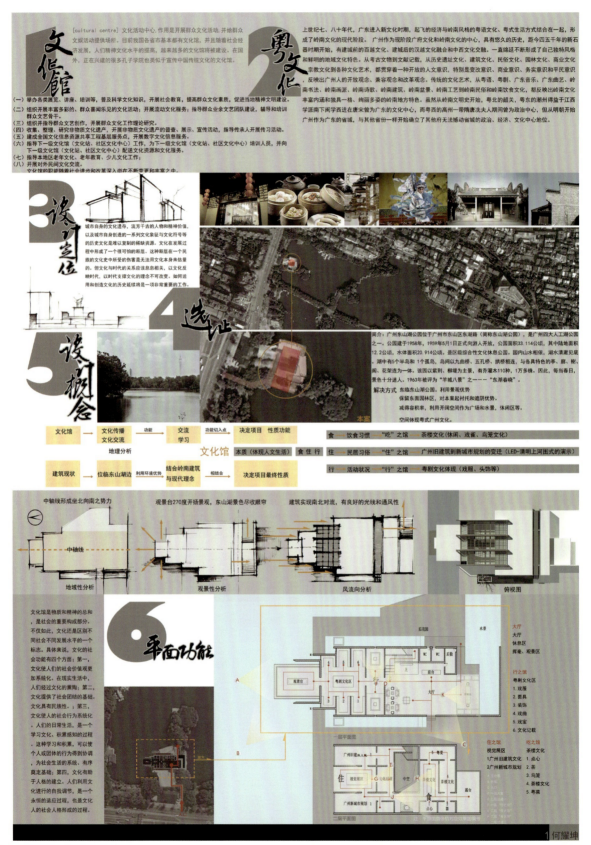

点评人：钱缨

点　评：该设计是一个优秀的设计作品，其对厦门白鹭洲片区现状生态问题进行深入挖掘，从根源解决白鹭洲现存问题。在设计改造中作者运用了污水处理工程技术及红树林生态修复措施，对场地进行有效并长期计划性改造，从而解决白鹭洲污水排放问题及丰富植被多样性。届时白鹭洲将呈现出海水景观与淡水景观相容的局面，通过形态设计和有效功能分区，吸引人气，丰富休闲文化格局，增加绿化连续性，为厦门打造一个完美的都市绿洲。

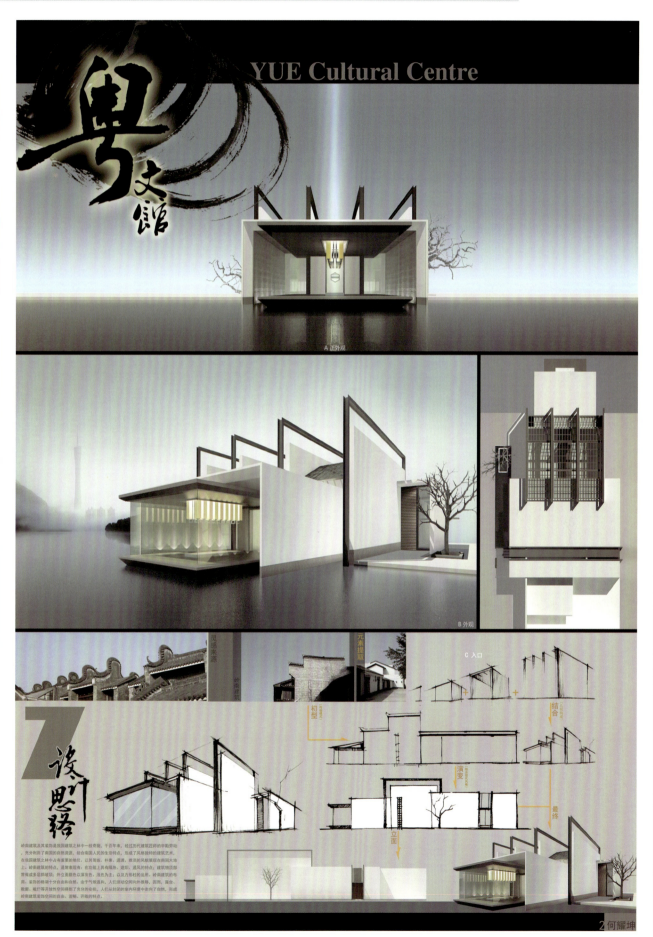

学校：广州美术学院继续教育学院环境艺术设计系　　指导老师：钱缨　　学生：何耀坤

学校：广州美术学院继续教育学院环境艺术设计系　　指导老师：钱缨　　学生：何耀坤

中国环境艺术设计学年奖

学校：云南大学艺术与设计学院环境艺术设计系　　指导老师：李晓燕　　学生：顾延佳

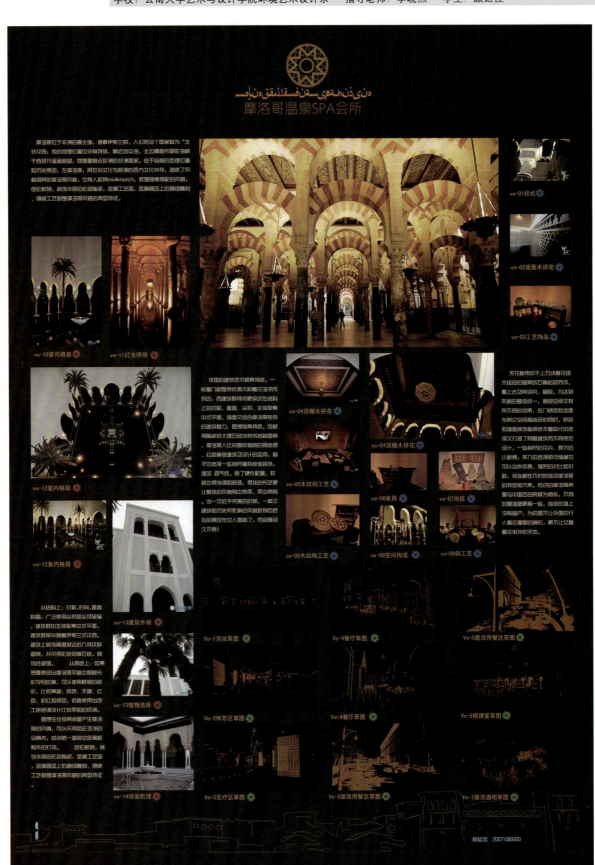

点评人：李晓燕

点　评：该方案从摩洛哥传统建筑文化中提取设计元素，融合了温泉SPA的空间功能，在此基础上流线和功能都有一定的升华。整体效果统一，但仍存在一定的问题需要推敲。

学校：云南大学艺术与设计学院环境艺术设计系　　指导老师：李晓燕　　学生：郝晓康

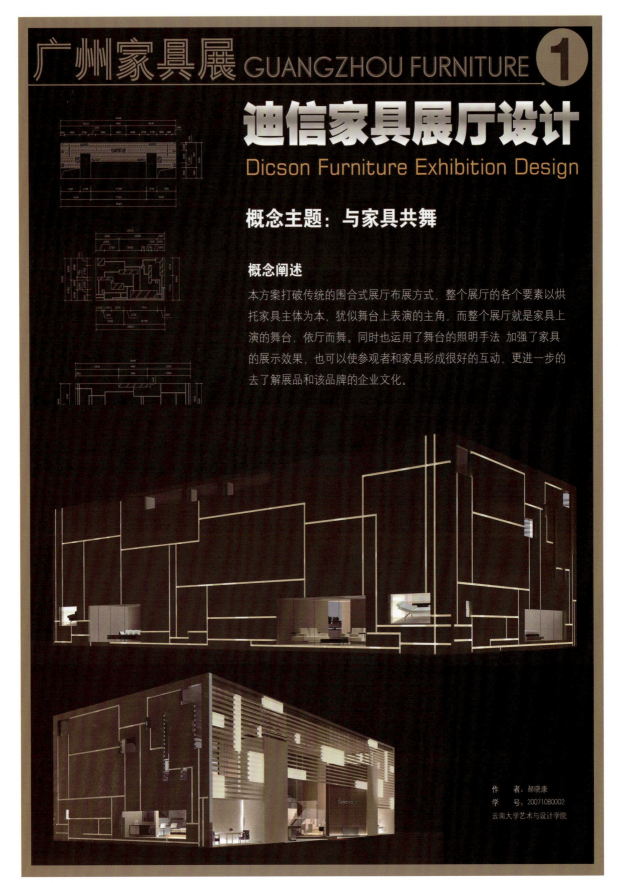

广州家具展 GUANGZHOU FURNITURE ①

迪信家具展厅设计
Dicson Furniture Exhibition Design

概念主题：与家具共舞

概念阐述

本方案打破传统的围合式展厅布展方式，整个展厅的各个要素以烘托家具主体为本，犹似舞台上表演的主角，而整个展厅就是家具上演的舞台，依厅而舞。同时也运用了舞台的照明手法 加强了家具的展示效果，也可以使参观者和家具形成很好的互动，更进一步的去了解展品和该品牌的企业文化。

作　者：郝晓康
学　号：20071080002
云南大学艺术与设计学院

点评人： 李晓燕
点　评： 该方案的设计依托市场的可实施性，市场发展的趋势性，以及设计者本身对其功能空间的理解。经过市场的调研，提出自己的概念，把常规的"展示场"升华为"舞台"，把看商品的行为过程转化为新颖的观摩流线设计。

学校：云南大学艺术与设计学院环境艺术设计系　　指导老师：李晓燕　　学生：郝晓康

广州家具展 GUANGZHOU FURNITURE ③

迪信家具展厅设计
Dicson Furniture Exhibition Design

概念主题：与家具共舞

概念阐述

展厅作为一种人们进行观赏与认知的功能空间，所以在设计空间布局的同时，积极地考虑到参与其中的人的感受，使参观者在穿梭于"舞台"的同时，能更好的体验和了解身边的展示品。

作　者：郝晓康
学　号：20071080002
云南大学艺术与设计学院

学校：吉林建筑工程学院艺术设计学院　　指导老师：李继来　　学生：付佳

点评人：李继来　吉林建筑工程学院艺术设计学院讲师

点　评：作者的设计以三角形这一母题为设计构思，划分各平面功能布局，天花吊顶形式、灯具结构，从而让人感觉建筑－室内设计表里如一。同时在色调平稳的办公环境内突如其来的异型体增加了空间的趣味性，凸显个性办公，增加了空间形体的戏剧表现。并且利用空间穿插设计，色彩的凸现点缀等设计手法更使办公空间增添了少许情趣。

学校：吉林建筑工程学院艺术设计学院　　指导老师：李继来　　学生：付佳

学校：江南大学设计学院建筑/环艺学群　　指导老师：姬琳　　学生：龚婧嘉

光影山水
综合书吧室内环境设计

姓名 龚婧嘉
班级 环艺0701
指导老师 姬琳
学号 060370107

设计概念

空间&行为

现在的室内设计越来越强调空间给人带来的体验感。然而除了建筑空间造型美学理论之外，有没有别的可实行的设计手法？

空间与行为互相影响　人塑造了环境，而环境又塑造了人

能否在空间语言和人的行为之间找到一个支点，将两者串联达到相互制约影响的效果

空间如何影响行为

直接影响：功能 布局 流线设置
间接影响：材质 颜色 尺度 造型 声音 …… 光线

环境行为学 ————→ 由光影诱发人行为和感受
抄近路 靠右侧通行 依靠性 看与被看 …… 趋光性

行为主题

阅读一本书亦或是观赏一部电影，都仿佛让自己的精神游离于另一个世界，那么，为什么不设计一个书吧，让人们不仅在精神上，在身体感官上也同样经历一次游历。

空间行为模式设定：游

身体上的游——逛：曲折灵动的流线设计，步移景异，让人们感受到游逛的乐趣
视觉上的游——赏：景观化室内，在各个分区设置景点、展品，让人们边游边赏
精神上的游——悟：不同的文化活动，配合不同的景观和气氛，让人们获得启发

光对行为的影响

逛——流线引导：对主要流线道路进行照明，并且在前方景观设置重点照明
赏——视线引导：在重要景观以及展品和座位进行重点照射，吸引顾客注意
悟——气氛烘托：运用大量间接照明，对空间景观进行气氛烘托

点评人：姬琳

点　评：该作品较好地解决了光元素在空间中如何引导和影响人们行为的问题，并以一种优雅的气质表达出来。空间中，光的明暗，强弱，冷暖因素有序的交织组合，而各种透明，半透明和坚实的隔断与墙体的组织相互配合，为空间使用者营造出了一个或开放，或私密的交流与阅读思考空间。

学校：江南大学设计学院建筑/环艺学群　　指导老师：姬琳　　学生：龚婧嘉

效果展示

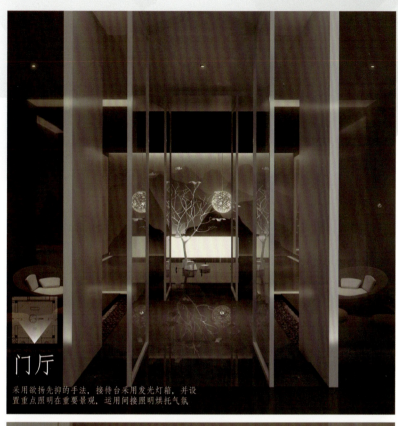

门厅
采用欲扬先抑的手法，接待台采用发光灯箱，并设置重点照明在重要景观，运用间接照明烘托气氛

等候区
门厅等候区的后部使用玻璃隔断，让人看到展厅和中庭的景色，后面透出的光线吸引人前去游览

专卖店
专卖店售卖书籍音像制品以及文化用品，设置为开敞的空间方便购物，整体空间明亮，配合重点照明，提升购顾客买欲

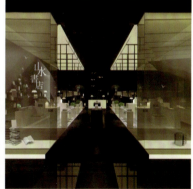

室内设计

中国环境艺术设计学年奖

工程方案——银奖

学校：江南大学设计学院建筑/环艺学群　　指导老师：姬琳　　学生：龚婧嘉

书吧

书吧的读书区域采用了"层"的手法，运用层层叠叠的玻璃在空间中描绘了一幅山水画。不同于一般的平面化装饰，这幅山水画运用空间制造了景深和层层渐变，让人仿佛在山水画中游

效果展示

书吧的读书区域采用了"层"的手法，运用层层叠叠的玻璃在空间中描绘了一幅山水画。不同于一般的平面化装饰，这幅山水画运用空间制造了景深和层层渐变，让人仿佛在山水画中游

书吧读书区在中心设置了一个较为开敞的空间，作为一个相对集中的讨论区，读者可以席地而坐，开展小型的读书活动

艺蜗居

学校：合肥工业大学建筑与艺术学院艺术设计系　　指导老师：陈新生　汪利　　学生：徐霞

设计说明

人的一生，绝大部分时间是在室内度过的，小户型的发展满足了社会上中低收入者拥有一个家的愿望。而在国内外小户型的房子很受群众欢迎的，越来越多的单身族更是钟情于小户型，把属于自己的小空间设计和装扮得个性十足，凭自己的喜好进行设计和布局，打造一处完全属于自己的空间。

拥有属于自己独特的空间，是所有年轻人的梦想。这里不需要奢华的排场，只要有收藏心情的角落；不必江景豪宅，只要看到自己满怀欣喜的日子。此设计在空间的处理上，也大胆尝试了上下空间的充分利用，除了要充分利用空间还要展示出美感。整体以直线为主，简约大方，时尚而不缺乏美感，用最简单的造型表达出最美的效果，又不缺乏实用性。

在有限的空间内，除了运用楼梯将活动范围扩张至夹层，更可利用楼梯下开发碎零空间，以抽屉概念结合踏阶的设计，让衔接空间的楼梯多了储藏功能和更多的活动空间。

户型演变

方形是户型设计的源头，也是设计中的基本元素，整个空间的功能布局围绕方形展开，直来直去给一种简单明快感。并也很好顺应了建筑物的直接构造。

室内图解

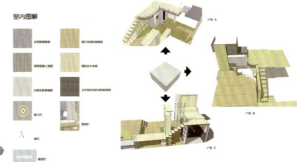

户型摆放

一层总平面图 (mm)

三个小户型房间有序的排列在一起就组合为一个整体，并且也很好利用了室内外的抬升下沉空间。

空间利用组合图

1. 厨房、卫生间、卧室及储藏室充分利用空间的上下关系
2. 楼梯与洗手池的巧妙结合
3. 楼梯、书桌、抽屉及书架的连接与运用
4. 楼梯与书架合二为一

功能分区图

客厅　卧室　书房
厨房　卫生间

人流走向

将楼梯与桌子合二为一，并设立了滑杆，为室内增添了不少乐趣。

INTERIOR DESIGN

班级：艺术设计07—2班　学号：20074074　姓名：徐霞　指导老师：陈新生　汪利

点评人：陈新生

点　评：该方案是针对小户型空间的研究而提出来的，旨在蜗居的环境中，分割出生活所需的多种功能空间。以面积不足 $50m^2$ 的住宅单元为一次创意试验，设计师在设计时通过对挖掘空间最大程度地再次利用，并且运用上升下沉式的创新方式很好地统一了整体空间，类型丰富且不失层次感，既考虑到了屋主的生活方式，同时顾及到实际功能的需求，使得学习工作生活空间若分若合相互渗透。

草木间——情感主题体验酒店设计

一个释放内心压力，寻求真实自我的"精神园林"

学校：江南大学设计学院建筑/环艺学群　　指导老师：宣炜　　学生：刘光

一　课题定位

"在纷繁的生活中慰藉心灵的疲惫，在喧嚣的尘世里享受内心的宁静"

这是很多都市人所追求的理想状态。然而在现代都市的快节奏下，人们的生活和工作压力与日俱增并已成为一种普遍的社会现象，而体验酒店作为一种酒店发展新形态，对人们有着很大的吸引力，因此，我希望通过本次课题的设计，试图为人们营造一个放松自我，能够寻求精神慰藉的空间场所。

我对受压人群以及人们解压方式进行了分析，总结了人们释放压力的三种主要方式。

人们释放压力的三种主要方式：

行为上	心理上
1　诉说（通过交流的方式解压）	（宣泄）
2　体验（通过进行放松性质的运动）	（感受）
3　寻求自然（亲近大自然，置身自然之中）	（唤醒）

二　主题确定：释放压力，寻求自我的"精神园林"

随着社会的发展与进步，人们的思想文化水平不断提高，加之如今的社会是一个多元文化冲突，碰撞，融合的社会，在这浮躁的氛围中人们更加需要一个能倾听自我，释放情感的场所。因此，我以人们释放压力的三种方式为出发点，结合我对禅的理解，来进行我的空间设计。

我将禅理解为"放松，一种自然之心"，因此，因此我将这种理解融合到我的空间设计当中，以藤编原木和白沙作为主要材质，结合大的曲面空间营造一个自然质朴，轻松且充满艺术感的"精神园林"。

我认为日本枯山水艺术就是禅宗的最好阐释，它极巧妙地运用了自然的元素并结合禅宗，将艺术，精神和自然结合的非常完美，并能从人的心境上带来震撼。

三　枯山水的独特意念在空间中的体现：

意念提炼	空间体现
艺术性：以砂以水以石为山，以追求一种抽象的美	（抽象，简约的空间特色）
自然性：自然的元素以及"虚"的造园手法	（藤编，原木及白沙等材质的运用模糊空间界限的立面处理）
精神性：对人的心境产生震撼，表达出深邃的哲理	（素雅让人静心的空间感受）

艺术 + 精神 + 自然

1

点评人：郭承波　南京财经大学艺术设计学院院长

点　评：作者将日本的枯山水艺术引入到室内设计中，既是将禅宗与自然引到室内空间设计中，从理念上达到了现代设计一直追寻的接近自然、亲近自然、融合自然的设计理念。作品一方面从形态上以圆弧的曲线塑造一个自由、无限的空间，与枯山水形成异曲同工之妙，另一方面作品采用枯山水中常用的藤、白沙、原木等最质朴、自然的材料来塑造了一个现代的精神体验的空间。

点评人：宣炜　江南大学设计学院环境艺术系讲师，中国室内设计学会会员。

点　评：本案设计以情感放松为主题，结合人们释放压力的需要，融合作者自身对"禅"的理解，将禅宗追求清空安宁的内心世界，与自然融为一体的理念融入设计当中。具体到空间的材质处理上大量使用藤编材质，运用素雅色彩，剔除多余装饰，将艺术、精神、自然与空间完美结合。营造了一个释放内心压力，寻求真实自我的"精神园林"。

学校：江南大学设计学院建筑/环艺学群　　指导老师：宣炜　　学生：刘光

草木间 ——情感主题体验酒店设计
一个释放内心压力，寻求真实自我的"精神园林"

二层酒吧效果图

酒店二层设计阐述

该情感体验酒店的二层以"感受"为主题，即人们释放压力的第二种方式"体验"。平面上采用曲线布局，较一层相比没有大的圆形空间。空间形态和一层相比没有强烈的动感。第二层我主要通过功能的设置来体现主题。冥想室提供人们一个静思反省的空间，瑜伽室提供人们一个运动体验空间，茶室、清吧提供人们一个感受谈心的空间。通过这些功能空间的设置，让人能够释放内心压力。

二层平面布局图

三四层平面布局图

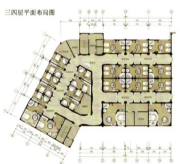

二层冥想室效果图

三层套房效果图

酒店三层设计阐述

该情感体验酒店的三层以"唤醒"为主题，即人们释放压力的第三种方式"寻求自然"。三层为客房部分，因此平面布局以直线为主，给人更加安静的感觉。客房部分我从"视觉，触觉，嗅觉"三个层面来体现"寻求自然"这一主题。如套房部分，我将床的区域做围合处理，床的背景墙设计整面树林背景（视觉体现），床下地面设计白色细沙铺地（触觉体现），并刻意将床的高度降低，让人休息时能够尽量贴近地面，让客人置身自然的感受更加强烈。

酒店三四层功能分区介绍：

三层四层：客房部分，辅助用房
客房总共33间：
单人间18间（约17㎡/间）
标准间9间（约30㎡/间）
套房6间（约50㎡/间）
辅助用房包括：储藏室，消毒室，配电室

学校：淮阴工学院　　指导老师：王迪　林磊　朱洁冰　　学生：金翔　马灵童　朱宁

点评人：王迪、林磊、朱洁冰

点　评：该作品整体的设计思路和设计重点都从淮安文化与淮菜特色入手，同时考虑到地理位置与受众人群的因素进行改造，还结合了原厂房的建筑结构特征，并加入了淮菜特色的实体化表现，使总体风格即有淮安文化特色又不失现代感。

作品充分尊重地域性特点与文化内涵、风土人情和传统的饮食文化相结合，保护和突出历史建筑的形象特色，以人为本，让人们在就餐的同时感受淮安文化的博大精深。

学校：北京工业大学艺术设计学院环艺系　　指导老师：王叶　　学生：王雅洁

北京帝海集团蝶会所设计

北京工业大学艺术设计学院　环境艺术设计系　室内设计专业·毕业设计·2011

壹　设计说明

北京帝海集团"蝶"会所位于北京帝海集团国海广场综合楼的十九层、二十层，总建筑面积3090m²，是以会员制为主的多功能高档私人会所，它为众多精英人士搭建了一个自然、放松、温馨、宁静的港湾。

本设计以"蝶"为设计原点，运用简洁、明朗的设计手法，展开对"蝶"会所的空间设计。以简洁线条与材料搭配创造出一种简单大气的空间品位，用纯净、淡雅、明快的淡米黄色调作背景，衬托高品位的家具、灯具以及艺术品陈设，以此来烘托会所的高雅文化氛围，并配以突出重点装饰的灯光照明设计，以增强空间的立体感与节奏感。

"蝶"会所在为会员营造雍容华贵、大气精致的和谐氛围的同时，也对会员打造出环境优雅、品位一流、不受外界干扰的第三生活空间，强调一种精神上的满足与回归，给会员带来更多的是人性化的服务和强烈的归属感，将设计空间变为闹中取静的自然清静之地。

会所一层平面布置图

会所二层平面布置图

点评人：王叶　北京工业大学艺术设计学院环艺系室内专业教研室主任

点　评：《蝶会所设计》是我校环艺系室内专业大四学生王雅洁同学在学校与社会企业结合的实践教学平台实习中负责的实际工程项目，作为毕业设计她在导师的指导下很好地独立完成了整个方案的设计，并能在设计过程中把导师强调的《窍门法》设计方法论灵活地加以运用，比较成熟地体现在对设计全局的掌控能力上。

学校：广州大学美术与设计学院艺术设计系　　指导老师：韩放　　学生：赵粤强

海口南方海岸度假酒店实施设计方案

广州大学美术与设计学院　　指导老师：韩放　　学生：赵粤强

（综合楼建筑效果）

综合楼建筑外立面均采用天然石材与木框门窗体现海南度假酒店的建筑特色，建筑外立面石材选用毛面沙利士红花岗石、啡钻、奥特曼米黄大理石；在木材上选用麦哥影木饰面。建筑立面以合理组织门窗的比例实现最大可能的室内通风为基础，适当在东西方向运用遮阳板、活动百叶等要素，创建活泼亲切、轻盈通透的热带海岛建筑风格，屋顶采用轻盈通透的遮阳构架造型。

（综合楼建筑施工实景）

（综合楼建筑背面效果）

（综合楼建筑夜景效果）

酒店综合楼建筑装饰设计方案

点评人：韩放

点　评：赵粤强同学在设计中抓住了海南以椰风海韵为主的自然风光特色，以亚热带及当地民居、少数民族建筑装饰为基础并融汇了东南亚地区装饰的文化特色，营造出轻松自然、惬意快乐的"新海南"酒店设计的人文特色。并以扎实的基本功和较好的图形软件操作能力使设计具有灵性和画面尽量优美，并符合项目实施的实际要求。

学校：广州美术学院美术教育系　　指导老师：黄锐刚　陈少明　　学生：黄渊楚　张东明

关于悬棺 ABOUT CLIFF

一　名词释义：中国南方古代少数民族的葬式之一。属崖葬中的一种。在悬崖上凿数孔钉以木桩，将棺木置其上；或将棺木一头置于崖穴中，另一头架于绝壁所钉木桩上。人在崖下可见棺木，故名。"悬棺"一词，来源于梁陈间顾野王（519～581）"地仙之宅，半崖有悬棺数千"。

二　悬棺起源：悬棺的的发源地——武夷山区（江西和福建两省的边界处）

三　悬棺的族属：发源地的悬棺属古越族，即百越少数民族。

四　悬棺起源的原因：悬棺的出现可能主要是为了死者尸体的安全，不受人畜的侵犯。

五　悬棺是丧葬传统思想的产物：悬棺是丧葬方面传统思想的产物，从这个方面讲，悬棺的出现有其必然性。它表现灵魂不死的观念，"事死如事生"。让灵魂高居悬崖之上尽量高的地方，最接近天堂，使死者舒适、安全，便于死者灵魂升天，让死者保佑"子孙高显"。

六　悬棺分布的地区：悬棺主要分布在福建、江西、浙江、湖南、湖北、重庆、四川、贵州、广西、云南、广东

四川麻塘坝悬棺

四川麻塘坝悬棺近景及岩画

关于龙虎山悬棺 ABOUT LING FU SHAN CLIFF

龙虎山位于江西鹰潭市南郊，按照"北孔（孔子）南张（张天师）"的说法，曾是张天师修炼宝地的龙虎山是我国道教的发祥地。龙虎山的区域内有99峰、24岩，蜿蜒流淌于群山之间的是水色清澈的仙水溪。龙虎山仙水岩，有成片的千古崖墓群，绝壁之上，玉棺悬空，神秘莫测，被称为世界文化史上的一大奇观。墓葬距今2600余年，为春秋战国时期古代越人所为，数量之多，位置之险，造型之奇特举世罕见。成为千古之谜，至今未能破解。

龙虎山悬棺的三大特点：特点一：棺木数量多。悬棺洞穴中一共八具棺木，是我国历次悬棺研究中单个洞穴棺木最多的一个。根据墓中棺木的大小、数量和放置方位，专家初步断定这是一个家族墓葬。特点二：没有金属随葬品。像龙虎山地区其它200多座悬棺墓一样，尽管随葬品丰富却没有一件金属随葬品。所有的墓葬，或是卯结构，或是打孔用绳子来加固，没发现使用棺钉。特点三：墓葬地选择典型。它依山临水，悬棺放置在鸟兽罕至的山崖上。

龙虎山悬棺主要分布位置

悬棺

悬棺仿古吊装

玉壁凌空

壹 构思 IDEALS

选题背景 RESEARCH BACKGROUND

偶尔一次观看《王刚讲故事》，讲的是关于江西龙虎山悬棺。那时就感觉悬棺这东西太神奇了。悬棺葬作为众多葬法中的一种，因为它是把死者安葬在悬崖峭壁之中。现代人都无法破解这具是怎么把棺材放上去的而成为千古之谜，悬棺的吊装因此也成为悬棺群中的"谜中之谜"。就这样，在毕业之际，我们想通过设计的方式从另外一个视角来探讨悬棺这个谜题。

选题目的 TOPICS PURPOSE

在科学不甚发达的古代，古越族人是怎样将棺材放置到那么高的悬崖上的？古越族人为何要将先人安放洞穴之中？什么人才能享受此种殊荣？悬棺考古工作者提出的这些问题激发了我们的兴趣，在毕业创作之际，我们想通过设计的方式来让观众从另外一种视角来看待这个千古之谜。带着这些问题，展开了我们的设计构思。通过对龙虎山悬棺的探讨，我们试图架设一座"桥梁"，让悬崖上的悬棺、山体上建筑、山体中的展厅、观众之间产生一种对话。

总体构想 OVERALL CONCEPT

悬棺，藏一棺而暴其半者。提到悬棺，首先让人联想到的是为什么叫悬棺，怎么悬上去的，为什么要悬。从"悬"字出发开始了我们的设计构想。建筑选址在江西鹰潭市龙虎山悬棺对面的山体上，通过龙虎山地形的还原，我们力求寻找悬崖上的悬棺、山体上建筑、山体中的展厅这三者之间的联系。观众可选择陆路和水路2种方式进入建筑，通过从建筑中庭设置通道连接各主题展厅。在悬棺对面山体上展挑出来的部分即是我们的展厅，展厅是窗口，通过窗口观众可以和2600多年前的悬棺对话，展厅即悬棺。这样我们可以让"悬棺"与悬棺对话。可以理解为现代与古代的对话，也可以理解为人造景观与自然景观的对话。

建筑构想 ARCHITECTURAL CONCEPT

首先建筑定位为概念性设计，为了更好的实现我们的设计构想，我们尝试还原了龙虎山周边的地形环境。建筑首先应该是和龙虎山周围环境相协调的，尤其是要是和对面的悬棺协调。通过对龙虎山地形的还原，试图表现出周边环境和悬棺、建筑、展厅之间的那种关系。从而让人们去思考悬棺这个千古之谜，以及悬棺如何吊置上去的这个"谜"中之谜。同时建筑应该具有研讨和交流的功能。建筑的设计灵感来自自然界的石块。通过变形和重组，试图表现出悬棺的陡峭和锋利；另外一层涵义，建筑的灵感是通过回想当年古越先民把悬棺放置到悬崖峭壁上的时场景。那种惊险场面，也许人山人海，敲锣打鼓；也许就是几个力夫被部落首领指示完成这个不可能完成的任务。由此生成我们的建筑外观。结合悬棺中"悬"字生成建筑的悬挑部分，与对面山崖上的悬棺形成一种对话。建筑转化成精神的东西，它给人们提供了一个思考、交流的平台，同时它也容纳了其它的功能。包括大堂、中庭、公共空间、3D影院、办公空间、发布中心、报告厅、会议空间、饮食区、咖啡区、研讨空间、悬棺研究中心、图书馆、文物收藏室等。

展览空间构想 CONCEPT OF THE EXHIBITION SPACE

悬棺的展厅：展厅从建筑中解放出来，埋在山体中，分布在建筑下方的悬崖上。平面图的灵感从龙虎山悬棺群中联洞群引申而成。通过中庭的电梯把各个展厅串联起来，每个展厅由展示区、观光区、通道构成。展览区主要的线索是讲述一个关于悬棺流源，悬棺的发现探寻，仿古吊装，沉思空间再到文物展示和维护的过程。观众每参观完一个展厅之后，可以经过一个光光区观看对面的悬棺，然后通过通道观众可以回到电梯进入下一个展厅或者去往其他的地方。我们试图把展览空间延伸到自然景观——即对面的悬棺上，一来观众可以得到短暂的休息，二来可以更好的传达我们的设计意图。

点评人：陈少明　广州美术学院教育学院展示设计教研组副教授

点　评：二位同学的毕业设计大胆地采用丧葬文化题材，把古代文化跟现代文明相碰撞，把民俗活动跟现代审美结合，建筑主体巧妙地结合并有机的融入环境，使悬棺习俗千古之谜更加引人入胜。

中国环境艺术设计学年奖

学校：广州美术学院美术教育系　　指导老师：黄锐刚　陈少明　　学生：黄渊楚　张东明

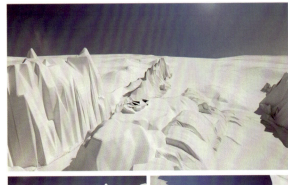

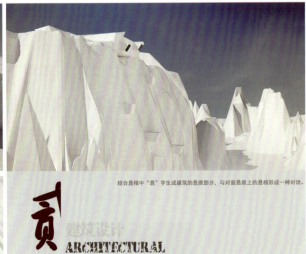

结合悬棺中"悬"字生成建筑的悬挑部分，与对面悬崖上的悬棺形成一种对话。

悬 建筑设计 ARCHITECTURAL

▎总体俯瞰设计说明

从"悬"字出发开始了我们的设计构想。建筑选址在江西鹰潭市龙虎山悬棺对面的山体上，通过对龙虎山地形的还原，我们力求寻找悬崖上的悬棺、山体上建筑、山体中的展厅这三者之间的联系。观众可选择陆路和水路2种方式进入建筑，通过从建筑中庭设置通道连接各主题展厅。在悬棺对面山体上悬挑出来的部分即是我们的展厅，展厅是窗口，通过窗口观众可以和2600多年前的悬棺对话。展厅即悬棺，这样我们就可以让"悬棺"与悬棺对话。可以理解为现代与古代的对话，也可以理解为人造景观与自然景观的对话。

这个视角是从三楼观光平台俯视、平视、仰视对面悬崖上的悬棺。观众可以获得多视角的景观感受；也可感受广角带来的心旷神怡的惬意！参观悬棺景观之后，观众可选择进入三楼的咖啡厅喝上杯咖啡，也可以通过三楼的电梯通往中庭和各个主题展厅。反之亦可。

总体俯瞰设计说明

学校：广州美术学院美术教育系　　指导老师：黄锐刚　陈少明　　学生：黄渊楚　张东明

叁 展览空间 EXHIBITION SPACE

展览空间六部分 EXHIBITION SPACE OF SIX PARTS

展览空间设计说明

悬挑的展厅：展厅从建筑中解放出来，埋在山体中，分部在建筑下方的悬崖上。平面图的灵感从龙虎山悬棺葬中联洞群藏引申而成。通过中庭的电梯把各个展厅串联起来，每个展厅由展示区、观光区、通道构成。展览区主要的线索是讲叙一个关于悬棺源流、悬棺的发现探寻，仿古吊装，沉思空间再到文物展示和维护的过程。观众每参观完一个展厅之后，可以经过一个观光区观看对面的悬棺，然后通过通道观众可以回到电梯进入下一个展厅或者去往其他的地方。我们试图把展览空间延伸到自然景观——即对面的悬棺上。一来观众可以得到短暂的休息，二来可以更好的传达我们的设计意图。

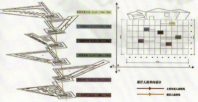

学校：广州美术学院美术教育系　　　指导老师：黄锐刚　陈少明　　　学生：黄渊楚　张东明

总序厅设计说明

在科学不甚发达的古代，古越族人是怎样将棺材放置到那么高的悬崖上的？古越族人为何要将先人安放洞穴之中？什么人才能享受此种殊荣？为什么会产生悬棺。展厅中心的装置是古越先民最初用生前使用的舟作为死后的棺材的转变过程。"水行而山处"为古越先民典型的生活环境，因而自然将生来死往与水上之舟及山崖之穴联系起来。这是对灵魂的一种归属感得体现。于是悬棺葬就产生了。我们试图用自己的理解，让时间停格在第一个决定用死者生前的船来安葬死者的时刻！这是一段历史，这是一个转折点，这是一份对死的崇敬，对死者的孝道，这同样是生者对死亡的敬畏。这也许是为什么古越先人要把死者安葬在悬崖峭壁上的缘故吧！

悬棺怎样悬上去的，即使是在今天，利用先进的技术也很难把那么重的悬棺放置在悬崖上。本展厅对古人可能采用的工具做一个展示。包括修栈道、钻铺、织布机原理、云梯车等，结合多媒体演示。让参观者展示古代先民的智慧才智。也可以让参观者自己来思考这个谜团。

悬棺源流设计说明

悬棺出现的时间，应该是周代的春秋、战国之交。当时中原地区正值奴隶社会向封建社会过渡时期，经济上有了大的发展，其时的百越族虽然比较贫困落后，但部族的首领则较富足，拥有威令调动全族的力量，且受到汉族和其他民族的影响，当形式有要求时，悬棺就出现了。出现悬棺的必要条件是悬棺要升上悬崖，至今它仍然是悬棺这一谜团的谜中之谜，当时的科技水平与悬棺主人的生活情况，就提供了这种可能性。空间以红色调呈现，采用悬挂的展示手法，引导观众抬头往上看关于悬棺的文字记载和诗句。

学校：东北师范大学美术学院环境艺术设计系　　指导老师：王铁军　刘学文　刘治龙　郭秋月　　学生：邢斐

流動·未知·極綫
构成主义·自助西餐厅室内设计方案
CONSTRUCTIVISM
Buffet restaurant interior design

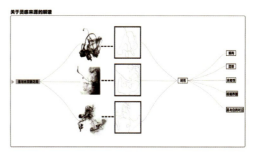

点评人：赵思毅　东南大学建筑学院环境设计系主任
点　评：这是一个自主西餐厅的室内设计。以水、墨交融引发对室内设计的思考，通过多变的线性的界面表达出来，创造出流动、未知、丰富的室内空间。方案从概念的产生到演变最后到表达，思路清晰，过程完整，视觉冲击力大，创意性强。

点评人：王铁军　东北师范美术学院院长。
点　评：一个很巧妙的设计。作者将曲线作为分离空间的要素来构筑空间功能，以实体与意境产生的"正"、"负"两个空间共同表达了对已知世界不确定的流动感和对未知世界的期待。在设计手法上以光为介质，凝练贯穿始终的设计语言。眩光叠影——颇为精彩。

室内设计 | 中国环境艺术设计学年奖 | 概念创意——银奖

学校：东北师范大学美术学院环境艺术设计系　　指导老师：王铁军　刘学文　刘治龙　郭秋月　　学生：邢斐

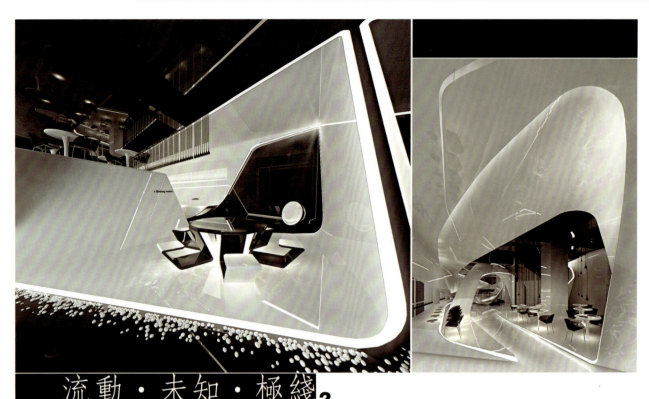

流動·未知·極綫
构成主义·自助西餐厅室内设计方案
CONSTRUCTIVISM
Buffet restaurant interior design

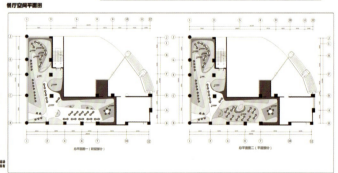

学校：内蒙古师范大学美术学院　　指导老师：海建华　王欣远　李东升　王伟　　学生：靳学亮

姓名：靳学亮　　指导教师：海建华　王伟　王欣远　李东升　　　　　　　　　　　　　　作品名称：城市未来·生活体验馆

点评人：海建华

点　评：面向体验式消费时代，对话于大众、城市、未来，创造"未来空间"。方案造型语汇上追随建筑师扎哈·哈迪德，大量的运用折线、圆角、曲面创作空间，再造"全新事物"，迎合未来。创作过程中异形语言一次次地反复地不间断地寻找与功能空间的最佳结合点，同时色彩精炼化使用，最终呈现出我们面前精彩的画面。

室内设计

中国环境艺术设计学年奖

概念创意——银奖

学校：内蒙古师范大学美术学院　　指导老师：海建华　王欣远　李东升　王伟　　学生：靳学亮

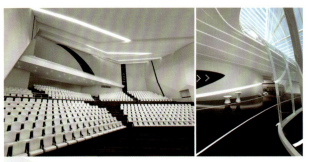

城市未来生活体验馆
Urban future Life experience hall

>>>>>>>>>>>>>>>>>

设计说明：
追求美好的生活是人类一贯的追求，本方案提出的原因就是希望为内蒙地区设计一种互动体验式空间，让人们能够畅想未来城市的各种可能，通过清晰人类进步会带不变的精神兄弟，同时它将成为一个展示新能源、新技术、新理念的绝好平台，我希望一个虚幻最的生活体验馆能够整个城市的人民带来更优质的体验，无论从硬件上还是生态上。

本方案位于内蒙古呼和浩特市，占地大约8500m²，最容纳9000人同时参观，属于互动体验性的内部开放空间，整个场馆已聚白色调为主，体现后现代的科技性与人文性。内部结构均外部多以流线及棱角形态为主，使得每个空间均有棱有明的对比，及明确的功能分区又使得场馆的形式语言丰富化。一楼楼梯下直通二楼售票，二楼最重要的过渡空间，考虑到场馆的各项及采光问题，结合音频厅上空设计了天窗，通透的自然光线外加上绿色植物，使整个空间有十分有朝气。二楼楼宽厅，采用"胶囊"的设计元素，富密表现"胶囊"，一种生活信念，大面积的流线造型使得整个通道变得相应流畅，两侧旁的设计将此桥本上负担于招待个空间。大面积的采用折屈、这使得整个视角开更加有内凹、有效力。

● 文化的标志性
城市未来本・生活体验馆将是人们对于未来城市的梦想，追求美好的生活是人类一贯的追求，是继未来城市、技术的先进性，一方面人类通向的种种现实，我格能够抱负人们在那个未来城市的出点，另一方面人不懈的想象能力向科技展步他追向两个不容忽视的未来城市。

● 技术的先进性
城市未来本・生活体验馆一直坚持环保的"绿色建筑"，它合用了多项能源，生态建筑，如太阳能光伏发电、风力发电，自然通风、绿色建材、水循环利用、结构加固、半导体照明等多种技术，将成为一个展示新能源、新技术、新理念的绝好平台。

● 时代的重要性
城市的内部主要有第一个平台，这个平台本身能具有一定的时代代义，人们同步记自这是要发生的一切，也将记住此此现实变的一切。

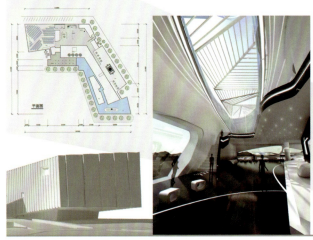

姓名：靳学亮　　指导教师：海建华　王伟　王欣远　李东升　　　　　　　　　　　　作品名称：城市未来・生活体验馆

学校：内蒙古师范大学国际现代设计艺术学院　　指导老师：杨正中　　学生：陈雅娜

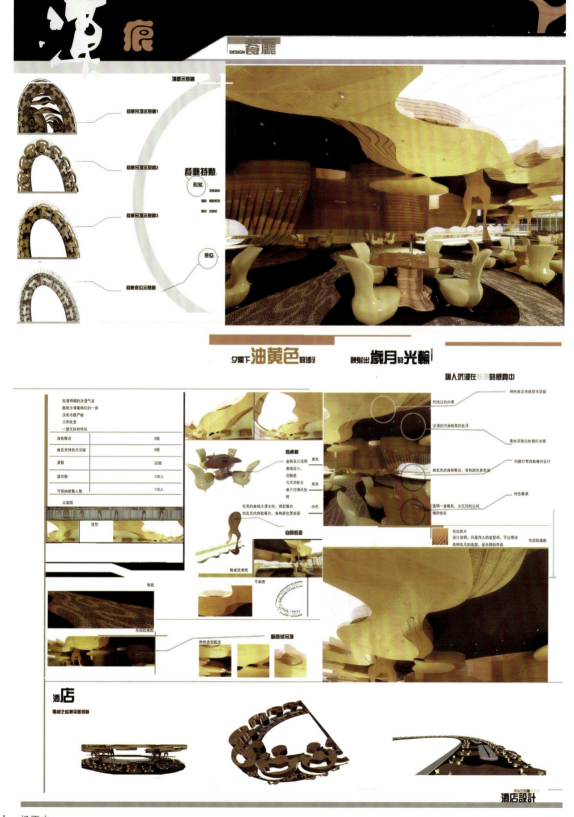

点评人：杨正中

点　评：作品定位为特色酒店，建于自然景区，讲究人与自然的融合，注重给予居住者一种度假的心情与情调，达到与现实生活的短暂隔离、和自然风光亲密接触，实现自然、人文与时尚生活的完美结合，呈现特色酒店独特的风格与个性。作品反常规地把酒店"埋"到地下，利用沙漠中现有的下陷地形，将建筑水平展开嵌入地形中，如同坚实的水坝，顶面平整，埋在地下的酒店依靠"地热"，实现了不用空调却四季如春的神话，借鉴了中国窑洞的抗震性，采用地形学和几何学原理应对地理、地形以及气候变化的挑战，酒店整体设计借助现代的设计表现手法，通过视、听、嗅、尝、触五感打造酒店原生态设计主题。

学校：内蒙古师范大学国际现代设计艺术学院　　指导老师：谷彦彬　　学生：田雅星

点评人：唐建　大连理工大学艺术系主任
点　评：作为长途汽车客运站的设计，能够从区位分析和建筑设计入手，较好地解决了功能和形式的统一。以流动的绿色为概念，配合十分自由和夸张的曲线弧度，使空间气氛显得时尚、前卫；抽象结构的绿色丝带，贯穿于整个建筑的室内外，令空间在协调统一中，透出一丝灵动的气息。

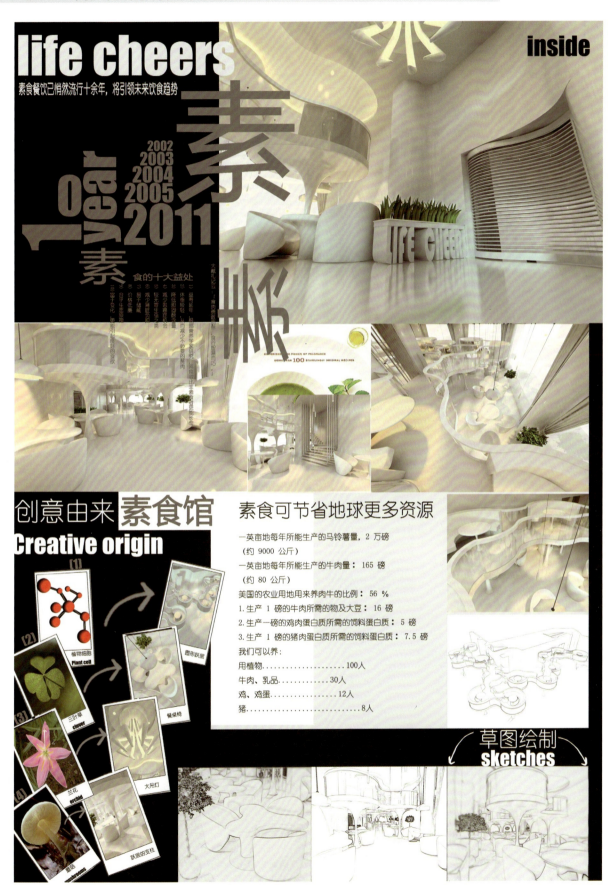

学校：东北师范大学美术学院环境艺术设计系　　指导老师：王铁军　刘学文　　学生：刘绍洋

点评人：王铁军　东北师范美术学院院长

点　评：从自然型到一个完整的室内空间，该设计没有完全模仿表面的形式，而是把握了"自然而然"这一简单的生活态度，在弧线与曲面中营造出丰富的空间表情。基于完整的图纸表达，可以清晰地把握设计者从最初的感性思维的发散到理性思维的回归的思考轨迹。

中国环境艺术设计学年奖

学校：宁波大学科学技术学院设计艺术学院　　指导老师：查波　　学生：甘雯雯

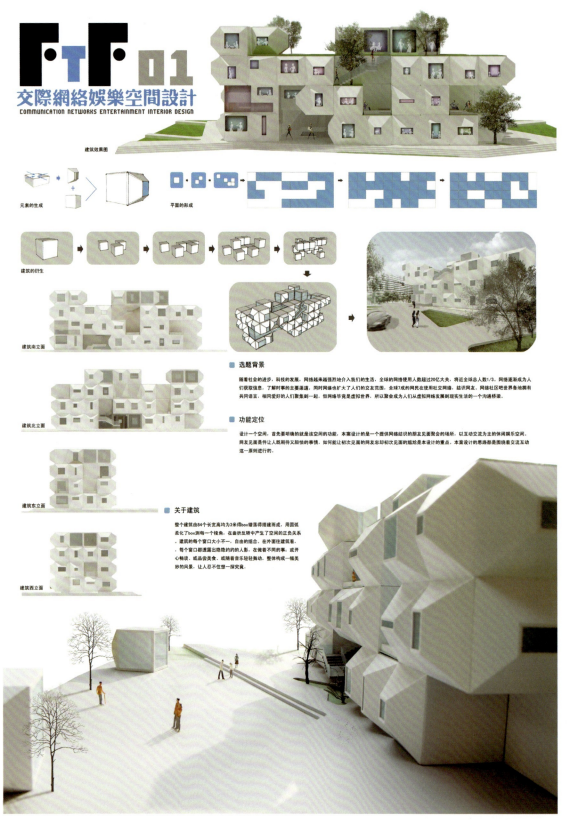

点评人：查波　宁波大学科学技术学院设计艺术学院主任

点　评：设计改变人的生存方式，甘雯雯同学贴近自己的生活环境，关注新诞生的物业形式，为科技年代的需求做设计。年轻人的交往更多的存在于在网络和电子化的世界里，本设计为此类人群新定义了一种现实的聚会形式，并且运用大量的新生科技服务于新人类的行为。整个设计将人的室内行为归纳分析，加入了大量与网络和高科技电子结合的新生存行为，是对"功能至上"设计手法的新定义。

建筑设计和室内设计相依存，利用模块化的搭建形式，以3×3米的单元模块堆积，并变化处理出室内和室外的穿插。环保也是贯穿整个设计的重点，并且落实到实际的设计中，这样就不是泛泛的环保，而是有目的的，形成有推广性的设计经验。

学校：广州美术学院美术教育系　指导老师：黄锐刚　陈少明　学生：林凯佳　潘锦华

木古神韵 明式家具展览馆
Ming dynasty style Furniture Exhibition hall

广州美术学院　作者：林凯佳、潘锦华　指导老师：黄锐刚、陈少明

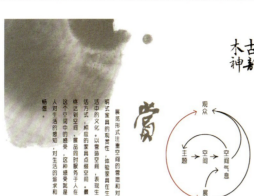

壹　展览馆定义

展览馆，主要以体验、鉴赏、把玩、收藏为主，展现明式家具的艺术、文化和人文，诠释中国古典家具文化、中国传统文化。

以提升家具的功能、类型、用料、时期和地域，以鉴赏鉴做为目的，体验朋宁、雅目、拙朴无巧、宁古无时、宁俭无俗、藏万象于极简的博大精深之韵，宜于无形、万象、文胜、文胜彬彬、然后君子的君子之境。

寻找家具背后的文化，探求人与物、物与空间的对话，品味中国明清家具背后的文化内涵。

贰　展览馆设计概念

明式家具形式注重空间的营造和对明式家具的观赏性，体验家具在生活中的文化，以营造空间、表现生活方式、相应的家具点缀空间，最终达到空间、展品同时服务于人在这个空间中的感受，区种感受就是人对生活的感知，对生活的追求和畅想。

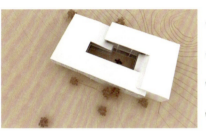

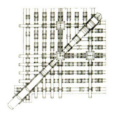

叁　建筑设计

建筑形态设计概念

如榫

中国木质古建筑常用的结构，这种结构也常用于家具的制作，特别是在明清家具的制作中，其特点是在构件上不需使用钉子，利用卯榫加固物件，体现出中国古老的文化和智慧。

卯榫结构作为本原的构造关系就是以凹与凸、正与负的组合，我们通过对这个结构意象的表达，经过延伸得出展览馆的建筑造型。

建筑外表皮设计

中国传统窗花样式中，选取棂格窗花作为方案的设计元素。

通过其规律的研究，进行比例和尺度上的模块化，得出规则的方块概略形状。

通过前面设计出的基本形态，我们再通过对其线面上的加粗变化，得出不同的棂格窗。

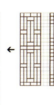

点评人：陈少明　广州美术学院教育学院展示设计教研组副教授

点　评：通过听琴、观书、赏画、行棋为主题对空间的创造，使中国文化符号再一次得到提炼和升华，同时感受浅观、细看、深思的文人气韵，充分展示了明式家具所特有的美学特征。

中国环境艺术设计学年奖

概念创意——铜奖

学校：广州美术学院美术教育系　　指导老师：黄锐刚　陈少明　　学生：林凯佳　潘锦华

Ming dynasty style Furniture Exhibition hall

广州美术学院　作者：林凯佳、潘锦华　指导老师：黄锐刚、陈少明

赏画

山光水色淡素装，风花雪月挂满墙。墨客骚人看秋笔，精勾细趣韵飞扬。

淳朴的木质是每件明式家具特有的价值。我们通过木质框架加上宣纸在空间中起不同的高度中形成高低不同的遮挡，人们时而清晰而模糊的看到前面摆放的家具和流动的人流。墨色在宣纸中任意的渲染，控制着整个空间的格调。墨色染为空间增加了不少书香气息。

行棋

方如行义，圆如用智，动如呈才，静如遂意。

下棋在于思考，在于沟通，行棋主题展厅主要展示的是明式家具的设计艺术，了解作者设计思维，介绍家具的制作，从选材、设计、木工、雕刻、上漆等工艺介绍。欣赏精美简洁的明式装饰工艺，饰会家具在生活中的艺术，思考人与事物间的关系。

132

学校：东北师范大学美术学院环境艺术设计系　　指导老师：王铁军　刘学文　宿一宁　　学生：董伟

点评人：王铁军　东北师范美术学院院长

点　评：该设计最大的亮点在于打破了建筑空间的限制，以极具方向感的不规则几何形体形成的虚实关系来塑造空间的灵魂，使建筑内部产生强烈的动态视觉效果。在不规则中形成一种统一，在动态中寻找静态的禅释，这是难能可贵的对空间的思考。

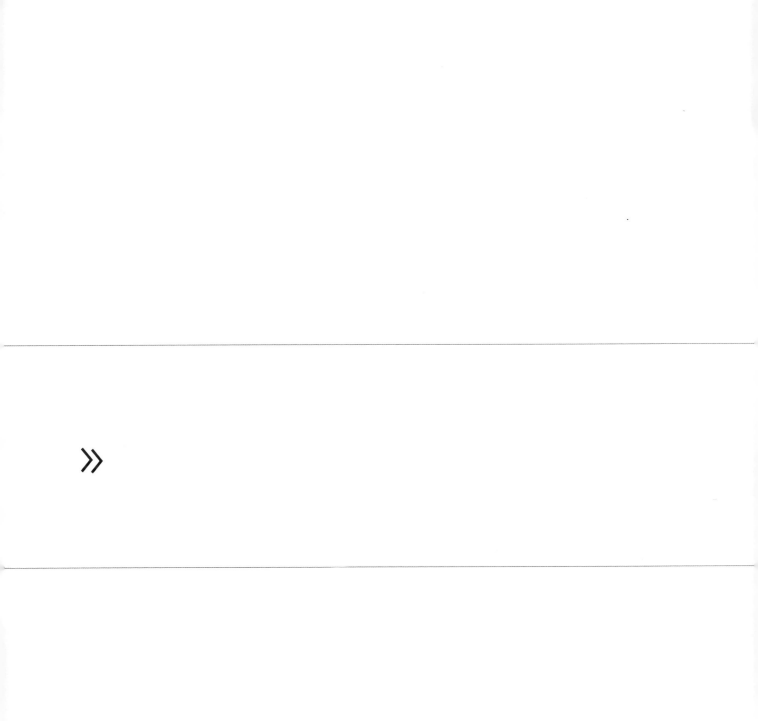

光与空间

光与空间——故宫慈宁宫天然光展陈设计项目

学校：清华大学建筑学院　　指导老师：张昕　　学生：夏君天

点评人：张昕

点　评：中国传统建筑中光与空间的难舍难分是一个具有永恒吸引力的有趣课题，而中国古建筑的光环境有如中医，神秘而富有魅力。夏君天同学的这个作品，其基础是对于这种神秘魅力的科学解析。如同运用现代医学知识对中医理论中的科学成分进行重新阐释一样，这样有意思的过程让人兴奋，同时也让人信服。

　　能够用先进的模拟技术手段对中国古建筑中的精华——慈宁宫宫殿建筑进行综合而精确的采光分析就已经可以让人满足，但夏君天在此基础上所完成的现代展陈功能设计建议更是让整个作品在富有新意的同时具有广泛的社会应用价值。无论是对于古建研究还是文物展陈保护，该作品所呈现出来的不是一个针对具体特例的方案设计，而是一个清晰的可行的实施策略，这个策略的启迪，让我们窥到了以光为基础进行合理的空间利用及设计的光明前景。

学校：清华大学建筑学院　　指导老师：张昕　　学生：夏君天

光与空间——故宫慈宁宫天然光展陈设计项目

参赛学生：夏君天 // 指导老师：张昕 单位：清华大学建筑学院

整体思路

设计研究对象：慈宁宫正殿

慈宁宫始建于明嘉靖十五年（1536年），正殿居中，面阔七间，殿前出月台。历史上主要是为太后举行重大典礼的殿堂。
本设计研究针对的对象为慈宁宫正殿。

慈宁宫正殿面积约500平方米，空间高大、宽敞、规整，易于展示空间的布置。

基于古建筑与展品共同展示的保护性设计

此研究设计旨在维护**古建筑原貌**
还原其在当时历史背景下的呈现状态
使**建筑本身**与**内中展品**共同成为展示对象

展示内容1：慈宁宫建筑

＋

展示内容2：馆藏雕塑

→

保护性展陈设计

历史光环境的保护与复原

传统采光与照明方式

中国古建筑的室内空间中，出挑深远的屋檐使自然光通过地面的反射进入室内，殿堂建筑进深较大，自然光经过多次反射，均匀的在室内分布，使室内物品所处的光环境柔和平均。这一点影响着古建筑室内的布置与装饰手法，如天花藻井的彩绘在当时的历史状态下是柔和、可见度高的。
这与现代建筑的室内光环境有很大不同。

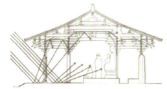
佛光寺东大殿的采光分析

古建筑侧窗采光示意

现代建筑侧窗采光示意

历史光环境的保护与复原

传统采光与照明方式

中国使用纸作为糊窗材料的历史约为1000年，窗纸使自然光漫反射进入室内，是古建筑室内形成柔和的光环境的重要原因。

康熙年间，圆明园建筑中开始使用玻璃窗，至乾隆年间，玻璃窗在宫中得到了普遍应用。直到20世纪，纸才在大范围内被玻璃取代作为建筑的透光材料。

颐和园龙纹窗纸木窗　　宣化老城区建筑窗纸

故宫乾清宫内景

江苏拙政园玉壶冰厅堂

学校：清华大学建筑学院　　指导老师：张昕　　学生：夏君天

光与空间——故宫慈宁宫天然光展陈设计项目

参赛学生：夏君天　//　指导老师：张昕　单位：清华大学建筑学院　叁

工作流程

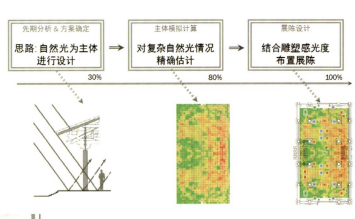

先期分析 & 方案确定　→　主体模拟计算　→　展陈设计
思路：自然光为主体进行设计　　对复杂自然光情况精确估计　　结合雕塑感光度布置展陈
30%　　80%　　100%

模拟计算

1. 模拟软件环境：
Windows 7 Ultimate + Rhino 4 SR8 + **Diva for Rhino 1.2c beta（Daysim 3.1a beta）**

2. 模拟说明：
Daysim软件，是基于光环境模拟业界通行的Radiance光线追踪核心、唯一实现动态（全年逐时）气象模拟的国际前沿的光环境模拟软件。
Diva for Rhino为基于Daysim的Rhino接口插件。

本项目的难点是采取**天然光**为主体照明，而复杂的天然光条件下文物保护的最重要参数——**全年曝光量**很难准确得到。

而以Daysim软件的**动态（全年逐时）气象模拟**为基础，经过实地参数测量与若干模拟参数调较试验，最终得以较准确地得出。

3. 技术价值：

传统上基于CIE全阴天空的采光系数标准，计算简单但使用局限很大，而光环境评价的国际趋势是以动态气象参数为标准。

作为国内第一例采用**动态气象参数、模拟辅助设计**的方案，本设计对传统建筑光环境保护性设计、或现代建筑光环境的设计都具有重要的参考价值。

模拟计算

动态光环境（真实状况）
VS
静态光环境（假想）

动态气象模拟的基础："自然光系数"（Daylight Coefficient）模型

Radiance算法　Perez模型　自然光系数
辐照度数据　Tregenza模型　动态天空亮度
=　动态光环境指标

模拟计算

试验1：磨砂玻璃参数　→　试验2：磨砂玻璃与普通玻璃对比　→　试验3：地面，墙面，天花反射比影响

选取透过率为40%磨砂玻璃，作为试验基准组：

RGB透过率：0.4 0.4 0.4　　镜面度：0.08
粗糙度：0　透过率：0.4　镜面透过率：0.1

经实地测量，主要建筑材料反射比见右表：
（用于模拟）

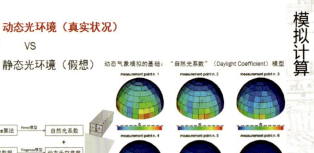

	SCI	SCE（%）
红漆	4.6	2.5
地面	10.0	9.5
柱础	20.0	
木牌	7.5	
土色	25.0	
绿色	22.0	
深砖	30.5	
浅砖	37.0	
布	2.8	

光与空间——故宫慈宁宫天然光展陈设计项目

学校：清华大学建筑学院　　指导老师：张昕　　学生：夏君天

参赛学生：夏君天　　指导老师：张昕　单位：清华大学建筑学院

伍

模拟计算

最终计算

结论：

天花的年曝光量极值在10w lx h/y，恰可对应于下页表中，中感光文物标准15w lx h/y

故考虑选取透过率40%磨砂玻璃，如右表

即可达成 **标准1：文物年曝光总量控制**

天花年曝光量分布色阶：磨砂玻璃情况

GL-01　3mm+3mm夹层玻璃
组成：
（1）3mm透明浮法玻璃
（2）PVB胶层（乳白色）
（3）3mm透明浮法玻璃
（4）膜：防紫外线功能：透明，略带灰。
技术参数估值

可见光透过率	红外线透过率	紫外线透过率
40%	10%	0%

GL-01b　2mm+2mm夹层玻璃
组成：
（1）2mm透明浮法玻璃
（2）PVB胶层（乳白色）
（3）2mm透明浮法玻璃
（4）膜：防紫外线功能：透明，略带灰。
技术参数估值

可见光透过率	红外线透过率	紫外线透过率
40%	10%	0%

注：玻璃厚度合计4mm略有出入，将合比4mm鹅厚意。

布展设计

Luminous Sensitivity 基于感光度的材料分类	Illuminance Limitation 照度限制（lx）	Exposure Limitation 曝光量限制（lx h/y）
No Sensitive 不感光	No Limit 没有限制	No Limit 没有限制
Low 低感光度	200	600000
Moderate 中感光度	50	150000
High 高感光度	50	15000

不感光　物体完全由一种永久性的对光不敏感的材料组成。如多数金属、石头、多数玻璃、纯正陶瓷、珐琅和多数矿石

低感光　物体由持久性的对光轻微敏感的材料组成。如油画、蛋彩画、壁画、未染色的皮革和木材、角、骨、象牙、漆器和部分塑料

中感光　物体由对光中度敏感的易变材料组成。例如服装、水彩画、蜡笔画、织锦、照片和素描、手稿、缩略图或模型胶画颜料画、壁纸、树胶水彩画、染色的皮革和大多数自然史物品（包括植物标本、皮毛和羽毛）

高感光　物品由高感光度材料组成。例如丝绸、具有很高易变性的着色剂、报纸

→ **不感光 & 低感光**　大部分（如石雕、金属雕塑等）展品

中感光　慈宁宫天花藻井的彩绘 & 木雕、泥塑等展品

布展设计

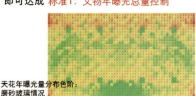

年曝光总量（lux h）
250 000
225 000
200 000
175 000　CIE中感光度文物
150 000　曝光量限制
125 000
100 000
90 000
80 000
70 000
60 000
50 000
40 000
25 000　CIE高感光度文物
15 000　曝光量限制

整体光照强度： 前述，控制
人视觉亮度： 下围，柔和均匀的暗环境
各面的光照均匀度： 后述，分类

布展设计

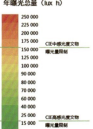

（曝光数据矩阵，略）

标准2：文物各面曝光均匀度控制

绿色展位： 安全，上彩木雕、泥塑等中感光文物

蓝色展位： 中等，漆器、牙雕等低感光文物

橘色展位： 较危险，金属、石材等不感光文物

光与空间

中国环境艺术设计学年奖
银奖

学校：华东师范大学设计学院　　指导老师：马丽　　学生：朱瑛

点评人：马丽

点　评："Invisible Bridge 的设计者不仅满足于解决图书馆中存在的照明问题，同时希望通过"光"来激发使用者对图书馆空间的精神诉求，从更深一层来理解，Invisible Bridge 实际上是设计者反思和探索"人、光和建筑"三者关系的结果。设计者利用专业照明设计软件对图书馆的照明现状数进行分析，在此基础上提出光环境改造方案，并进一步利用可视化的数据来论证设计方案的可行性，因此，整个作品呈现出概念明确、逻辑清晰、想法独特且可实施性强的特点。"

中国环境艺术设计学年奖

光与空间 | 银奖

学校：华东师范大学设计学院　　指导老师：马丽　　学生：朱瑛

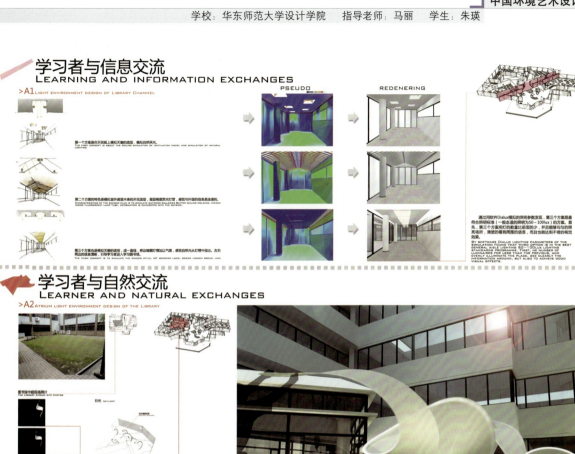

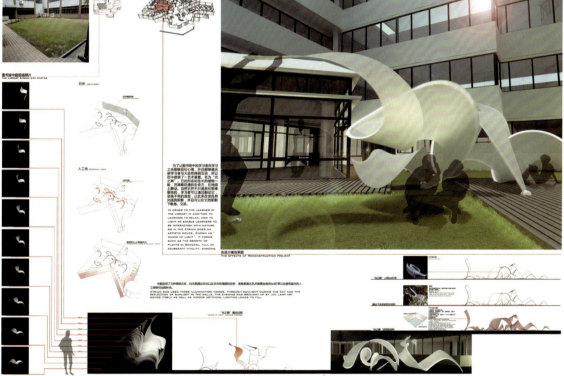

学校：北京理工大学设计与艺术学院　　指导老师：马卫星　　学生：张璐

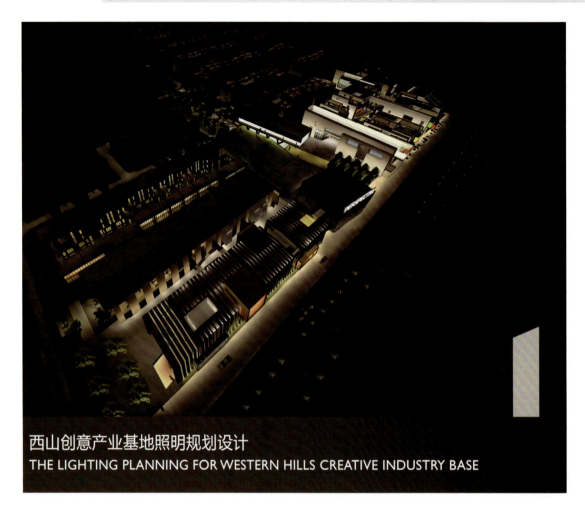

西山创意产业基地照明规划设计
THE LIGHTING PLANNING FOR WESTERN HILLS CREATIVE INDUSTRY BASE

参评奖项："光与空间"最佳创意设计奖　　姓名：张璐　　学校：北京理工大学　　指导老师：马卫星

点评人：马卫星　北京理工大学设计与艺术学院环境艺术设计系教师

点评：该同学通过对北京西山创意产业基地进行的照明规划设计，更加注重了光是空间的基本要求，从城市的角度、景观的角度、建筑的角度、生活者的角度去思考光的存在价值；加深认识了建筑光环境的缔造应与建筑自身功能和性质紧密相连，在满足照明基本功能需求的基础上，应更加着重体现建筑自身的内涵与气质。设计前期调查充分，定位准确，设计分析从多角度出发，对照度确定能够提出较科学合理的依据。设计方案从整体到分区，再到具体不同功能的建筑，既各有特色，又相互协调，大胆延伸室内灯光，使其成为户外景观的一部分。在积极采用照明先进技术手段的同时，注重其科学性和合理性，进而实现夜景观照明的可持续性，让我们从中了解了创意产业基地夜景观环境的照明基本理念、特征和一些基本方法。

中国环境艺术设计学年奖

学校：重庆大学建筑城规学院　指导老师：杨春宇　刘剑英　吴静　学生：罗斌　余嘉琪　陈果

Library and Information Center　光与空间
图文信息中心

"重置——兵工容器的别样表述" 专业图文信息中心设计

专业图文信息中心，是在重庆大学城特定文化环境背景下，通过对原有老厂房的改建和扩建，设置的一所具有较强专业类别的集图书库藏、阅读、

指导教师

杨春宇　刘剑英　吴静

学生

罗斌　余嘉琪　陈果

1. 空间材质对比
在旧建筑的改造策略上采用极其现代化的表皮与旧建筑厚重的砖墙形成对话，用强烈的反差来存托兵工厂厚重的历史；采用具有现代化风格的钢结构、桁架与旧建筑原有的牛腿柱、吊车梁呼应，在形式上进行一定的延续和重新表达。新旧对比和新旧延续策略为兵工厂改造的主线路。

2.光影艺术表皮
建筑外层采用有序列、有规律变化的白色穿孔钢板表皮。为表达建筑与图文信息中心的联系，采用文字由整齐排列书写到潇洒飘逸的草书书法的渐变。抽象提取，采用等大规整的小方块整齐排列到异大小不规整的方块排列，形成穿孔的白色穿孔钢板。

3.白天自然采光　夜晚内透光
建筑白天采用自然采光，通过艺术表皮，采光中庭达到对室内自然采光的要求，夜晚采用内透光的形式，将建筑的夜景效果烘托出来，表面形成很有艺术效果的发光表面。

学校：重庆大学建筑城规学院　　指导老师：杨春宇　刘剑英　吴静　　学生：罗斌　余嘉琪　陈果

Library and Information Center　光与空间
图文信息中心

光与空间

中国环境艺术设计学年奖 银奖

学校： 西南林业大学艺术学院 **指导老师：** 李锐 徐钊 夏冬 郑绍江 **学生：** 任禄文 丁洁 袁媛

昆明翠湖公园夜景照明设计
KUNMING GREEN LAKE PARK LANDSCAPE LIGHTING DESIGN

项目概述篇

翠湖，昆明翠湖，位于昆明城五华山西麓，是城区的中心观光点。因其八面水翠，四季竹翠，春夏柳翠，故称"翠湖"。南眺碧鸡、北瞰蛇山，水光潋滟，垂柳摇曳，"十亩荷花鱼世界，半城杨柳佛楼台"，被誉为镶嵌在昆明城的"绿宝石"。

"她"因昆明而存在 "She" EXISTS YIN KUNMING

一座城市的记忆之地，一个海鸥的家园……

寻找翠湖白天的美 Beautiful

每一个美丽的城市都有一个**中央公园**，这令人惊讶的城市奇迹，不知是美丽城市缔结千年的婚约？还是城市高尚生活的约定俗成？

夜吞噬了翠湖的"美" Swallow —— 翠湖公园照明现状

其名扬于**彩云之南**，其景颂于**春城之内**

翠湖 需要什么样的夜景照明？
WHAT KIND OF LIGHTING GREEN LAKE PARK

光与空间最佳创意设计奖

点评人： 李锐 西南林业大学艺术学院讲师

点　评： 翠湖，这一池积淀了云南厚重历史文化的碧波在很多人心中都是春城的代名词。史海钩沉，翠湖的绿汁滋养衍生了周遭数不尽的历史遗迹、自然景观、人文景致。本夜景照明设计以灯光为手段，试图从城市、市民、游客层面上为昆明创造城市的夜间名片，为公园创造优美的夜景环境，为市民创造休闲娱乐的后花园，为游客创造云南文化的体验场所。在设计中考虑到景观艺术、光与心理、光与生理、光污染、生态照明、绿色照明等设计要素，力图使翠湖夜间形象从"亮"到"美"，从"照亮"到"照暗"，从而获得一个能充分展现其魅力的夜景景观。

学校：西南林业大学艺术学院　　指导老师：李锐　徐钊　夏冬　郑绍江　　学生：任禄文　丁洁　袁媛

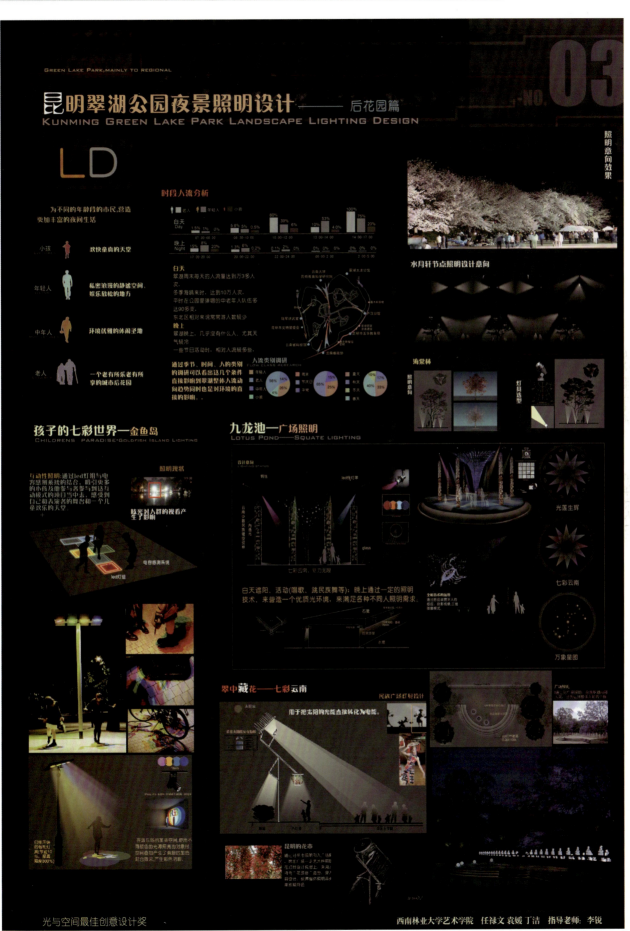

学校：北京建筑工程学院　　指导老师：金秋野　　学生：段雪昕　孔迪　潘维佳

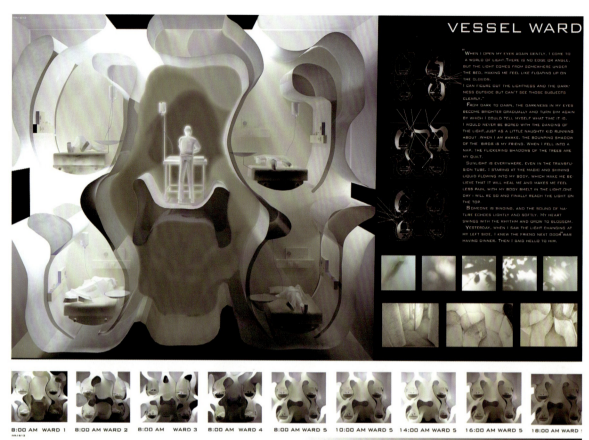

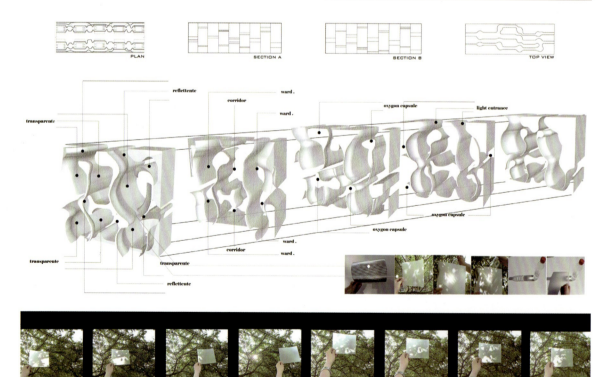

点评人：金秋野

点　评：这是一个可以用光来治愈人身心的场所，容纳光却没有窗。
所有的一切都没有棱角，光在腔体之间筑起了一面蜿蜒而柔软的墙，亲昵而又慈祥的爱抚着病患的伤痛和心灵。
创意大胆，眼光独到，浪漫诗意，关注人文。

学校：重庆大学建筑规划学院建筑技术系　指导老师：杨春宇　吴静　学生：周晓宇　于骁原　秦岭

梦幻光庭——教堂改扩建设计

■ 设计说明

7:00
第一束光射到教堂的顶端，散射成七彩的光斑，洒落在光斑，洒落在圣坛，十字架被它点亮，随着唱诗班的歌声，渐渐发出白色的微光，仿佛复活节那个清晨，耶稣的重生。

8:00--18:00
教堂内昏暗的光线笼罩着圣徒，圣徒的天之光白屋顶的天窗倾泻而下，如同神之光芒沐浴众生。

18:00--22:00
教堂外：他们被灯塔的光明吸引，顺着水面的荧光，走近黑夜里若隐若现的教堂。神职人员、教堂后勤人员和一些其他拜访者。

■ 使用人群

使用人群主要为信徒、神职人员、教堂后勤人员和一些其他拜访者。

▲信徒　▲神职人员
其他拜访者▼　教堂后勤人员▼

■ 设计背景

■ 场地分析

■ 存在问题

缺点：场地脏、乱、差，不符合教堂气质，而且人流引导性不强。

■ 解决策略

原建筑　拆墙面　贴材质　加骨架　筑界面　扩体积

主堂效果

教堂光环境分析

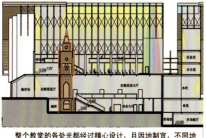

整个教堂的各处光都经过精心设计，且因地制宜，不同地方采取不同的照明方式，设计的重点是圣坛部分和对旧教堂的照明，此方案通过后庭院的设置满足了圣坛的采光，且为光设计带来很多突破口。

主堂环境关系

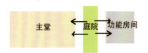
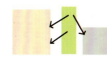

主堂空间：

主堂作为参观流线的高潮，在教堂设计中具有重要的地位。圣坛处得灯光最亮，作为视觉的焦点，主堂后面为庭院，将自然纳入室内，增强室内光环境，同时更人性化。现代教堂的其他空间的光线也不宜太暗，应满足正常阅读要求。

学校：重庆大学建筑规划学院建筑技术系　　指导老师：杨春宇　吴静　　学生：周晓宇　于骁原　秦岭

梦幻光庭——教堂改扩建设计

建筑表皮

采用具有不同透光特性的材料做表皮，控制光线的渗出与进入，同时引入网架，对主堂天光进行过滤

| 7:00 am | 10:00 am | 1:00 pm | 4:00 pm | 7:00 pm |

虹影

教堂圣堂最前端一品玻璃天窗上面加置了一块三棱镜，调节角度后，可使早上七点钟有一束彩虹光照射到圣堂上，就像是神给信徒的礼物

学校：浙江工业大学之江学院创意设计分院环境艺术系　　指导老师：吕微露　　学生：王韦航

点评人：吕薇露

点　评：以一天的时间变化和人内心的情绪波动作为体验馆的设计主题。选择6个典型的时间段，用最让人们有所感悟的事物作为交流概念的载体，营造一个心理环境来感悟生活。Inception，是开端、开启，用固定实在的空间来变现恒动的虚无时间，仿佛这一时刻被停留……

INCEPTION--新概念体验馆设计

场馆十效果表现与时间的象征意义

时间特性
　　场馆十，19:00-22:00，夜晚生活的开始，都市五彩的灯火，夜晚的景色。新的生活。
设计手法
　　将紫蓝色和粉色的玻璃钢小方块错位叠成在顶上，在灯光的照射下，形成迷幻灯影。犹如都市的灯景。四周层次不齐的镜面不锈钢条子，排列成都市的剪影，自身镜面材质映射四周的灯光，是那么的绚丽与多彩。整个空间投射到抛光的地面，实实虚虚，让人难以捉摸。

时间特性

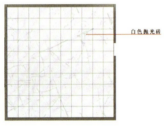

场馆十平面图

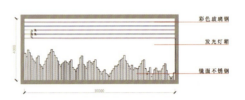

场馆十立面图

INCEPTION--新概念体验馆设计

场馆十效果表现与时间的象征意义

都市　剪影　虚幻　灯光
　　夜晚的生活，总是充满着比白天更多的奇妙。多了几分灯光，几分夜色，几分醉意。
　　重叠的有色玻璃钢在灯光的照耀下，投影到地面。让人分不清天与地，四周镜面不锈钢反射出奇妙的都市夜色，让人眼花缭乱。

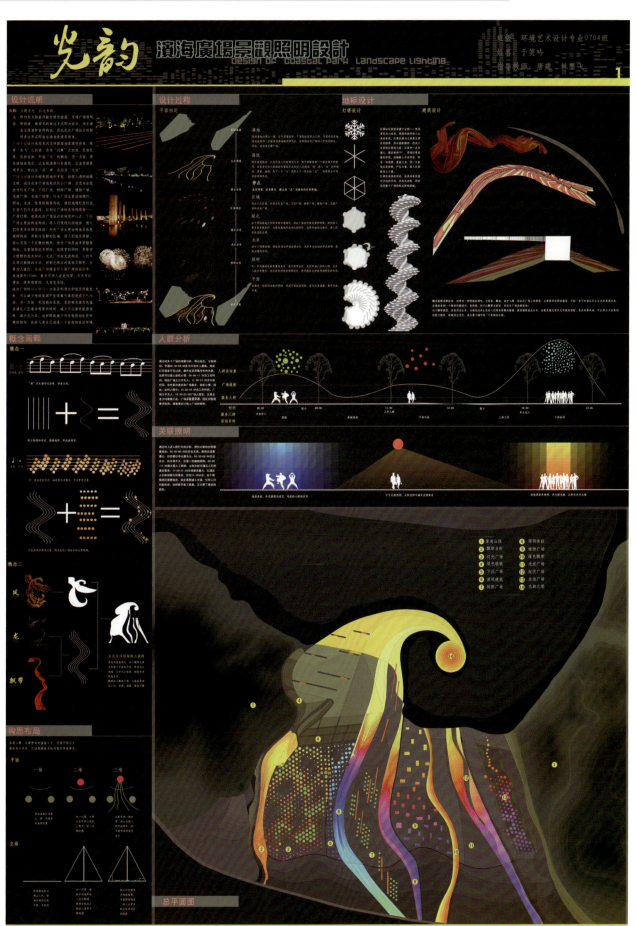

Seven-To-Seven 快捷酒店

学校： 东北师范大学美术学院环境艺术设计系　　**指导老师：** 王铁军　刘学文　　**学生：** 富尔雅　沈金凤

FROME SEVEN TO SEVEN HOTLE ——快捷酒店

题记——
时光在高，在指尖不知不觉中悄然经过的回忆，已经不轻易间打开了记忆的匣子，《From Seven To Seven》伴着慢慢旅程中的一站，让旅者感受时间带给我们的那一刻的心情……

主题分析：
Frome seven to seven ——
Seven：（自然现象——光）赤+橙+黄+绿+青+蓝+紫=白
Seven：（时间）星期一、二……七。

从自然的现象中去开始我们的主题，整体的空间基调是以太阳光的混合色白色为基调的，将一周的七个工作日作为一个单元去传达酒店所要带给入住者的一种心理感受，所采用的语言就是将组成太阳光的赤、橙、黄、绿、青、蓝、紫七种光的颜色进行一个拆分，以光的语言去营造整个空间的氛围。

由光产生的识别系统：
依据原有的七层楼的前提条件，我们将入住部分的七层，分别置于其中不同光色的环境基调，这种光线会根据时间的变化由强到弱进行一个转化，当接近白天满足内部照明的情况下，光源逐步消失，让自然的日夜更迭与人造光源进行一个很好的自然转化，削弱人们内心以及视觉上突变的不适感。一切源于一种和时间契合慢慢流逝的一种自然状态。

学校：广东工业大学艺术设计学院　　指导老师：胡林辉　吴傲冰　陈洋子　　学生：蔡水松　陈伟良　林辉

点评人：胡林辉　　广东工业大学艺术设计学院　　讲师　系副主任

点　评：科技的进步和新媒体技术的发展，给当代设计师提出新要求，数字艺术创造了许多新的奇迹，设计语言和表现方式更加多样，视觉体验和心理体验更加直接与刺激，极大地强化了信息的传达方式。该设计通过简单而合理的设计语言，在实现基本功能的基础上更侧重于空间视觉形态的关照，现代意识、革新思想在其作品中得到一定的体现，也突显了设计的主题。

»

城市空间景观设计

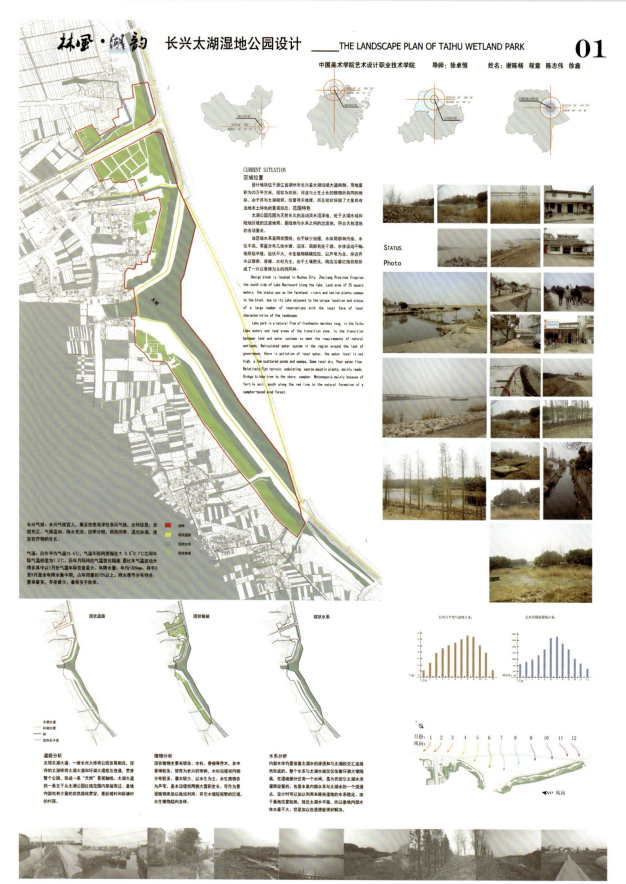

学校：中国美术学院艺术职业技术学院　　指导老师：徐卓恒　　学生：程意　谢陈杨　陈志伟　徐鑫

林风·湖韵 长兴太湖湿地公园设计 —— THE LANDSCAPE PLAN OF TAIHU WETLAND PARK   05

点评人：周峻岭　谢凌峰　彭亮　周炎

点　评：选题的意义：对于废弃厂区的改造，已经有很多人做过，但是作者能另辟蹊径，从独特的角度，把设计改造同城市发展策略联系起来，使得设计更有针对性、社会性，但是也同时增加了难度。

作者对后工业时代的工业废弃厂区的关注，运用新的设计手法和改造模式，为历史的留存注入时尚、创意元素的同时，尊重基地的可利用性与可持续发展的价值，在满足现代文化创意产业发展需要的同时，珍视场地本身的精神。

设计理念：通过城市策略的介入，设计能够从旧与新的点面结合和共融对比，注重传承保留的城市历史文化遗存，通过设计使旧厂房成为现代城市景观的新景象，使新整合更新的现代时尚区域拥有后工业的空间美学。

学校：重庆工商职业学院传媒设计系　　指导老师：龚芸　张佳　葛璇　　学生：陈龙　向唯薇　李静

蜿曲

重庆渝北大盛镇生态湿地公园景观规划设计
CHONGQING YUBEI DASHENG TOWN ECOLOGICAL WETLAND PARK LANDSCAPE PLANNING AND DESIGN

设计成员：陈龙　向唯薇　李静
指导老师：徐江　刘更　黄云
学校班级：重庆工商职业学院传媒艺术系 景观1班

区位概况

一、位置：
重庆渝北大盛镇位于渝北区东北部，距区政府33千米，拥有统景风景区、张关水溶洞景区等省级风景区，重庆市"十佳"风景名胜区。地面文物古迹现属区级文保单位的共有14处。

二、自然条件及概况：
（1）、渝北大盛镇属亚热带湿润气候区，大陆性季风气候特点显著。具有冬暖春早、秋短夏长、初夏多雨、无霜期长、湿度大、风力小、云雾多、日照少的气候特点。常年平均气温17.3℃，极端最高气温40℃，极端最低气温-2℃左右。主要有水生生物群落、湿地生物群落和陆生生物群落类型。

（2）、近千年来已经被强度开发利用，已经没有完全的自然湿地景观，而是以水上杉林为主体，基上有池杉、湿地松、樟、栗等树木，草本以白茅等鱼草及演替初期的田间杂草为主。还有小小片的水杉柏及较大面积的蔬菜等栽培作物。其余为鲜鱼用草地以及废弃的农田。废弃的农田已开始自然恢复，已出现少量较典型的湿地生物群落和湿地环境，如一些滩上的芦苇等和荻群落。

三、地区特色
大盛镇为山水之地（依青山之高博，承碧水之波润），特色之地（一江贯都、十山缀景、众溪织城）、田园之地。此外，作为蜜桔之乡，柑林景观优美；竹子资源也特别丰富，还盛产葡萄。

四、规划范围：
渝北大盛镇湿地公园北至大盛大桥，南至大盛电站，东到葡萄种植基地一带，规划建设用地总面积约1100亩，水体面积占350亩。

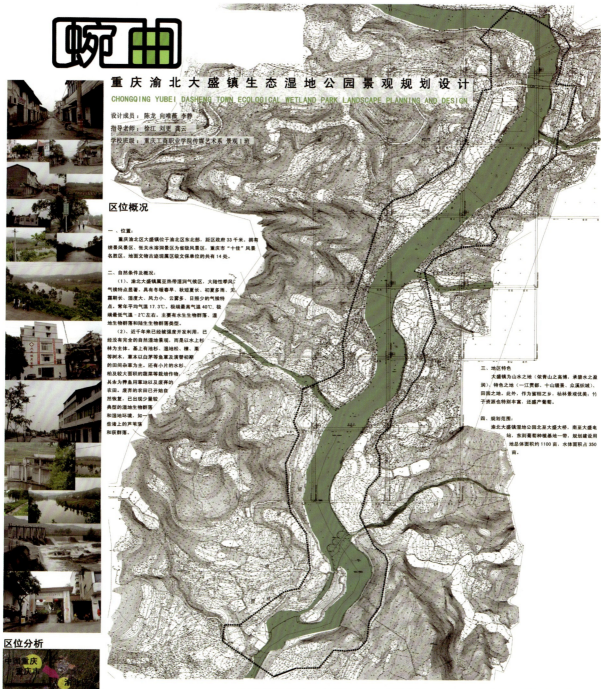

区位分析

总体设计各经济指标

总规划用地面积	建筑用地面积	建筑面积	建筑密度
732600m²	4446m²	6367m²	1.3%

现状与问题

随着城市化进程的加快，玉林东河两岸建设加速，成片土地被开发，许多河沟被填埋利用，其中包括很多有保护价值的湿地，此外，农业、城市污水大量涌入湿地，使得玉林东河流域水质恶化，湿地生态环境及其生物多样性遭到严重破坏。水域和湿地的减少，给城市气候、水文、生物以及城市生态等带来的负面影响日益显现，已经威胁到了当地经济发展和居民的生存环境。因此，在已开垦的湿地范围内开展退田还湿，建立湿地恢复生态工程，以改善其脆弱的生态环境，保护生物多样性，实现自然保护和合理开发利用的"双赢"。

此外，该地交通十分不便利，主干道较少，应多修交通节点来丰富整个公园。

1 如何合理利用湿地资源开展休闲、游览、科普活动？
2 如何处理基地的雨水收集、排放和净化？
3 如何处理基地与驳岸的关系？

01

城市空间景观设计

中国环境艺术设计学年奖 — 最佳概念创意奖——银奖

学校：中国美术学院艺术职业技术学院　　**指导老师**：胡佳　陈琦　　**学生**：林佳冲　余思娇　邓琪　朱琳琳

悟·境
京杭运河杭州段小河油库景观改造
Hangzhou canal hangzhou section the landscape change oil depot

点评人：胡佳　中国美术学院艺术职业技术学院　副教授　　陈琦　中国美术学院艺术职业技术学院　讲师

点评：该作品为工业遗存类改造项目，方案结合场地语言，用钢架、输油管、工业肌理等设计元素充分保留和还原工业遗迹的历史感与厚重感，将原生建筑注入时代感，突出人性空间以及人与人之间的交流。设计凸显临场感，致力于保存城市的工业记忆，强调保留与继承工业文化遗存是一件众所周知的事情，并努力唤起人们的关注。该设计定位准确，收放有度，沉静内敛，不事张扬，实为不可多得的佳作。

学校：无锡工艺职业技术学院环境艺术系　　指导老师：李淑云　沈玲　　学生：吕理泉

设计内容

具体改造设计中，抓住公园特有山水构架、空间形态，因势利导，对各区域进行有针对性的改造设计，形成两轴、五景区的总体景观布局。

6.1 两轴：即西入口文化纪念轴与东入口城市景观轴

（1）西入口文化纪念轴

西入口轴线是对彭祖纪念的集中表达，但原设计未能有效突出这一主题，改造首要调整中轴线空间，重组景观序列，凸显彭祖雕像，从植物、雕塑、铺装等方面增加祭拜广场的细节设计，全面提升景观品质，统领全园。

（2）东入口城市景观轴

东入口距离城市主干道较远，公园标识性不强，且大彭氏国牌坊外街道环境杂乱，使公园形象受损，将解放南路至入口牌坊的城市区域纳入此次改造统一考虑，进行景观整治，使之与公园相辅相成，更好烘托公园入口的气氛。

6.2 五景区即：不老湖景区、福寿山景区、花林嘉荫景区、康乐颐年景区、奇境觅趣景区。

不老湖景区

不老湖景区是原规划的环湖核心游览区，已建设有龙吟舫、碧峰凝翠水榭等园林建筑，沿岸植物配置可见匠心，但由于缺乏管理，过于繁茂。改造尊重现有景观结构，对沿湖植物景观进行梳理，打开透景线；增加自然式驳岸与亲水场地，使岸线产生变化和韵律美，重现不老湖湖光山色交相辉映的风光。

同时不老湖西侧围墙拆除后，按敞开式的设计手法，将城市与公园紧密联系在一起，将滨湖景观引入城市。湖区北部建有徐州名人馆，周边设计有名人花园，共同打造徐州名人文化展示园区，体现地方人文精神传统。

福寿山景区

山体植被以侧柏为主，部分区域曾经过山林改造，混植有三角枫、火柜树等阔叶树种。古朴庄严的大彭阁耸立南部寿山之巅，成为了园内视线的焦点，北部福山以幽静取胜，彭祖祠傍于山脚。此次主要进行植物景观的提升，做到四季有景，对登山园路进行改造和提升，修葺山间祈福亭。

花林嘉荫景区

即原规划的植物观赏区，道路、设施陈旧，缺乏景观亮点，植物缺乏有效的更新和管理。改造集中于植物景观优化、增加景观亮点及可参与性的活动内容，完善道路、标识等基础设施，全面提升区域景观品质。

康乐颐年景区

现有动物园整体搬迁后，保留并完善现状道路、水系景观，成为以康体、运动为主题的园区。将中国传统养生体育文化作为贯穿此区的文脉线索，设计有四季养生园、太极园等景点。贯通公园现有南北两个湖面，水系蜿蜒曲折。

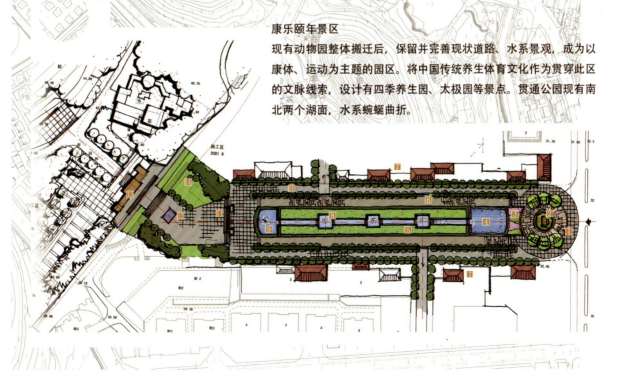

点评人：李淑云

点　评：改造方案建立在较为科学理性的对现状条件、自身特色、原有空间形态结构、景观体系以及周边环境的分析基础之上，因势利导，正本清源，以彭祖文化为公园主题，注重在视觉上、心理上、环境上的沿承连续性。

学校：广州工程技术职业学院艺术与设计学院　　指导老师：王勇　　学生：黄能雄

- 方案名称： 佛山中央公园

- 设计理念："零点-坊城"为理念，城市、自然、人文相互交融于一点。

- 方案背景：东平"坊城"是未来佛山新中心区域，总规划面积达到113.6平方公里作为佛山城市新CBD地带，集中了文化，商业，休闲与居住。其"文化MALL为佛山市民提供一个可供各个层次、各个年龄段人群学习、休闲、体验、交流的平台，亦为艺术家提供激发灵感的创作空间。"张开机介绍，在坊城里，能够看到市民自由徜徉、自得其乐的理想画面。"

- 区位：方案位于顺德乐从与禅城的东平板块。北端为世纪莲体育中心，南端为原有的乐从大墩村与荷村，西边为未来城市中心CBD板块—坊城"文化MALL"。东部为原有的佛山旧城区。中央公园将成为旧城区与新城市中心的缓冲过渡地带与重要的居民公共生活的活动地带。

- 交通：位于城市干道的岭南大道与华康路处，佛山地区与顺德乐从有公交站设点（世纪莲中心站，佛山新媒体中心站，东平桥站，坊城站）。未来将会兴建地铁，在坊城地块附近有佛山地铁1号线、地铁3号线和地铁6号线。为配合东平新城核心区的建设，已规划地铁1号线和地铁6号线经坊城的部分线路作为广佛地铁1号线的延长线先行建设，并将于2012年通车。地铁3号线亦规划于2010年动工建设，连接佛山禅城，东平，世纪莲体育中心，顺德镇等地。

设计：黄能雄
导师：王勇

点评人：王勇　广州工程技术职业学院　艺术与设计学院　专业教师
点　评：在这件景观规划设计作品中，作者用科学严谨的治学态度，对设计项目的人文地理环境、区位经济发展前景等方面做了细致、深入地调查研究，通过数据、图片资料收集与分析，富有想象地将带有浓烈的文化地域特色的舞狮、武术、佛陶、粤剧作为设计概念提取、设计元素的提炼。同时，运用扎实的专业知识、较深厚的人文艺术修养，围绕着城市肌理的文化内涵这一主题，对公园的区域形态设计、功能划分、景观建筑与艺术造型、环境绿化等内容进行了较为成功地设计。

学校：中国美术学院艺术职业技术学院　　指导老师：胡佳　陈琦　　学生：丁峰　徐志才　胡双双　胡星星　朱怡　周鲁斌

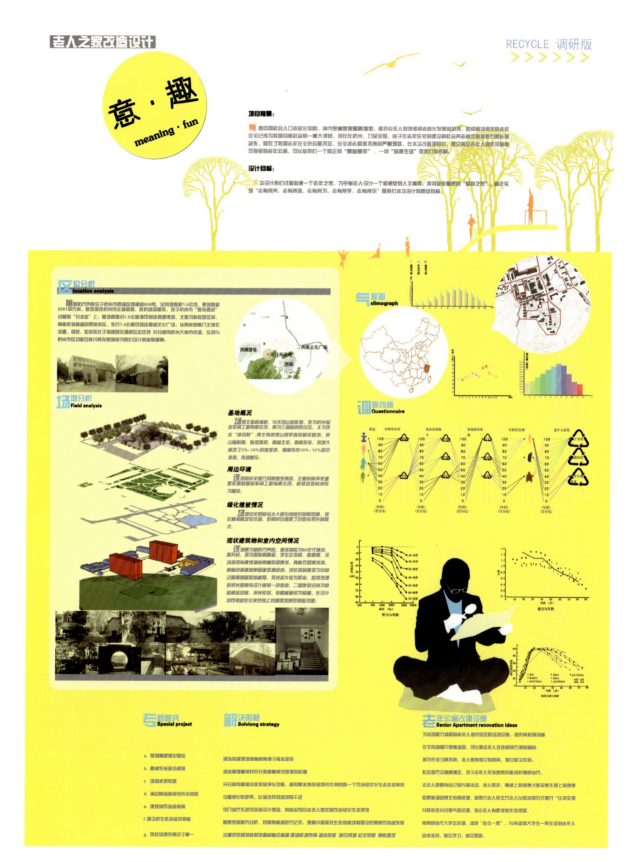

点评人：胡佳

点　评：作品《意·趣》为老人之家改造方案，以"自然意、不老趣"为主题，以现代活泼的造型描绘出田园牧歌式的恬静生活。景观规划注重创造情趣空间和活力场所，营造山水意境，建筑室内强调家的温馨和无障碍设计以人为本。作品能注重人文关怀，特别强调了空间的趣味性，从另一个角度为老年生活增添一抹亮色，这一点十分难得。

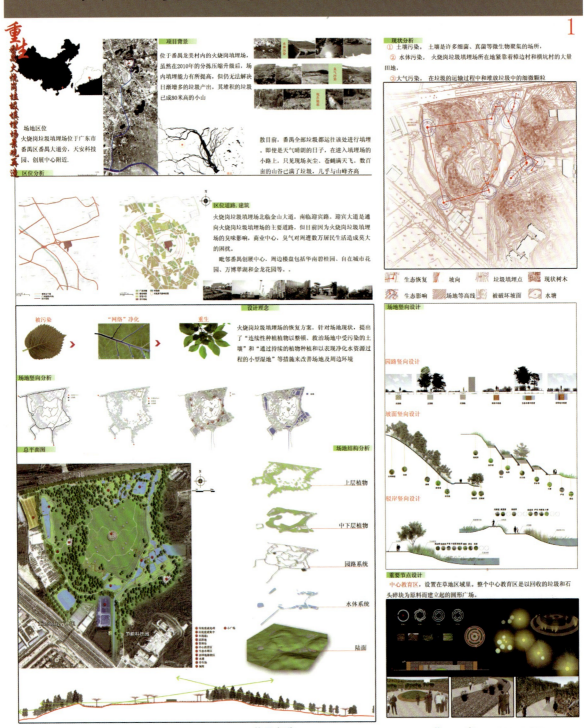

2011中国环境艺术设计学年奖参赛方案

学校：广东轻工职业技术学院艺术设计学院环境艺术设计系　指导老师：叶炽坚　学生：王一江　关沛晶　侯志敏

作品名称：重生—番禺火烧岗垃圾填埋场景观再造
作者：侯志敏、关沛晶、王一江
专业：环境艺术设计系景观设计
指导教师：叶炽坚

广东轻工职业技术学院

点评人：叶炽坚　广东轻工职业技术学院教授

点　评：作品立足于城市环境污染集中区域——垃圾焚烧厂的"恢复、再生、利用"问题，对场地现状分析到位，解决现存问题针对性强，融入了对自然与人文环境的关怀，设计思路清晰，方案尺度感强，表现风格大气具有感染力，对生态恢复的技术性处理具有较为生动的描述。不足之处在于缺乏对部分景观要素形式的设计推敲，景观处理手法稍显单一。

点评人：黑龙江东方学院建筑工程学部 赵立恒（讲师）；李岩（讲师）

点 评：本设计以开发设计为主，结合历史环境空间氛围，利用解构主义手法将反战标识进行分解、重组、裂变，使用红、白、黑三种色彩来反映不同的寓意，实现遗址区向公园区的过渡，挖掘深层历史内涵，发挥社会价值作用。

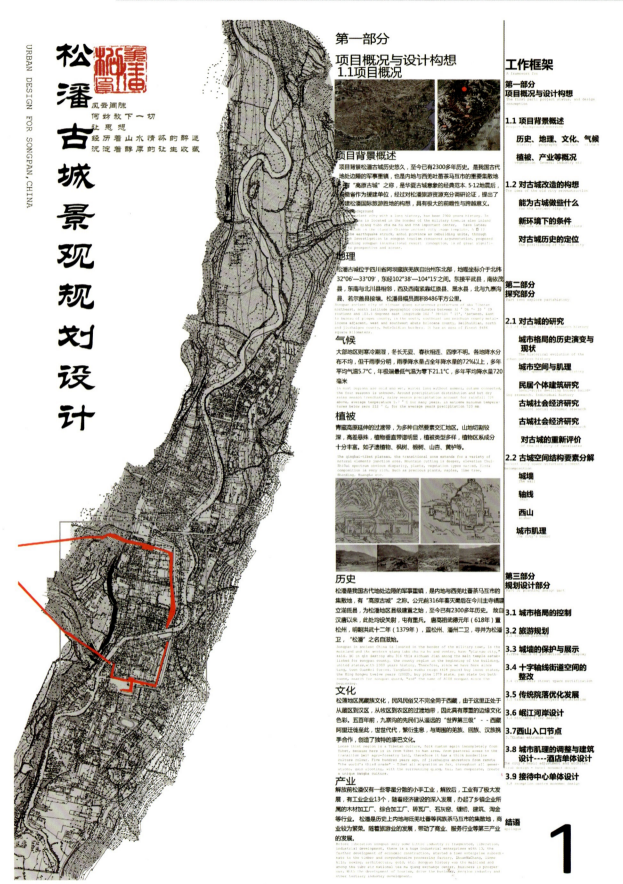

松潘古城景观规划设计
URBAN DESIGN FOR SONGPAN, CHINA

中国环境艺术设计学年奖

学校：重庆工商职业学院传媒设计系　　指导老师：陈一颖　徐江　冉欢　　学生：向守虎　罗谢稷　李宇霞　文宝川

第一部分
项目概况与设计构想
1.1 项目概况

项目背景概述

项目背景松潘古城历史悠久，至今已有2300多年历史。是我国古代地处边陲的军事重镇，也是内地与西羌吐蕃茶马互市的重要集散地，有"高原古城"之称，是华夏古城意象的经典范本。5·12地震后，四川省作为对口援建单位，经过对松潘旅游资源充分调研论证，提出了建设松潘国际旅游胜地的构想，具有极大的前瞻性与跨越意义。

地理

松潘古城位于四川省阿坝藏族羌族自治州东北部，地理坐标介于北纬32°06′—33°09′，东经102°38′—104°15′之间。东接平武县，南依茂县，东南与北川县相邻，西及西南紧靠红原县、黑水县，北与九寨沟县、若尔盖县接壤。松潘县幅员面积8486平方公里。

气候

大部地区则寒冷潮湿，冬长无夏，春秋相连，四季不明。各地降水分布不均，但干雨季分明，雨季降水量占全年降水量的72%以上，多年平均气温5.7℃，年极端最低温为零下21.1℃，多年平均降水量720毫米。

植被

青藏高原延伸的过渡带，为多种自然要素交汇地区。山地切割较深，高差悬殊，植物垂直带谱明显，植被类型多样，植物区系成分十分丰富。如子遗植物、枫树、椴树、山杏、黄栌等。

历史

松潘是我国古代地处边陲的军事重镇，是内地与西羌吐蕃茶马互市的集散地，有"高原古城"之称。公元前316年秦灭蜀后在今川主寺镇建立湔氐县，为松潘地区县级建置之始，至今已有2300多年历史。故自汉唐以来，此处均设关隘，亦有重兵。唐高祖武德元年（618年）置松州，明朝洪武十二年（1379年），置松州、潘州二卫，寻并为松潘卫，"松潘"之名自滋始。

文化

松潘地区属藏族文化，民风民俗又不完全同于西藏，由于这里正处于从藏区到汉区，从牧区到农区的过渡地带，因此具有厚重的边缘文化色彩。五百年前，九寨沟的先民们从遥远的"世界第三级"——西藏阿里迁徙至此，世世代代，繁衍生息，与周围的羌族、回族、汉族携手合作，创造了独特的康巴文化。

产业

解放前松潘仅有一些零星分散的小手工业，解放后，工业有了极大发展，有工业企业13个。随着经济建设的深入发展，办起了乡镇企业所属的木材加工厂、综合加工厂、砖瓦厂、石灰窑、建筑、淘金等行业。松潘是历史上内地与氐羌吐蕃等民族茶马互市的集散地，商业较为繁荣，随着旅游业的发展，带动了商业、服务行业等第三产业的发展。

工作框架
A framework for

第一部分
项目概况与设计构想
The first part: project status and design conception

1.1 项目背景概述
　　历史、地理、文化、气候
　　植被、产业等概况

1.2 对古城改造的构想
　　能为古城做些什么
　　新环境下的条件
　　对古城历史的定位

第二部分
探究部分

2.1 对古城的研究
　　城市格局的历史演变与现状
　　城市空间与肌理
　　民居个体建筑研究
　　古城社会经济研究
　　对古城的重新评价

2.2 古城空间结构要素分解
　　城墙
　　轴线
　　西山
　　城市肌理

第三部分
规划设计部分

3.1 城市格局的控制
3.2 旅游规划
3.3 城墙的保护与展示
3.4 十字轴线街道空间的整改
3.5 传统院落优化发展
3.6 岷江河岸设计
3.7 西山入口节点
3.8 城市肌理的调整与建筑设计——酒店单体设计
3.9 接待中心单体设计

结语
epilogue

1

点评人：南京工业大学工业与艺术设计学院院长　赵慧宁教授

点　评：该选题对松潘古城的背景，从地理、气候、植被、历史、文化、现有产业等方面进行详细的调研，对古城的资源进行了重新评价，对古城的发展进行了新的定位，提出保护与发展的策略，对具体的地块进行详细设计，该方案设计科学合理，具有可操作性。

学校：重庆工商职业学院传媒设计系　　指导老师：陈一颖　徐江　冉欢　　学生：向守虎　罗谢稷　李宇霞　文宝川

松潘古城景观规划设计
URBAN DESIGN FOR SONGPAN, CHINA

3.7 城市机理的调整与建筑设计
----- 酒店单体设计

合理开发 科学运作 努力提升古镇档次和知名度

要统筹规划，合理开发，科学运作，努力提升新市古镇旅游景区的档次和知名度，逐步形成古镇旅游保护、修复和开发的良好局面。

要进一步完善古镇旅游总体规划，为保护、修复和开发工作提供依据。要统筹考虑已开放景点和计划开发景点，制定古镇旅游总体规划。

要处理好保护、修复和开发三者的关系，要以保护为基础，修复为抓手，旅游开发为带动，形成良性循环。要"动"、"静"结合，进一步完善、提高古镇旅游的内容和档次。要创新机制，完善设施，努力形成古镇旅游开发的良好局面。要建立相应运行机制，加快景区市场化运作步伐，推动景区保护。

开发和宣传等各项工作；要加强景点包装，大力实施招商引资，加快古镇旅游开发进程；要加强与周边旅游景区合作，努力开辟新的旅游路线；要加快配套设施建设，进一步提高旅游接待能力。

Reasonable development scientific operation efforts to upgrade gurben class and visibility to overall planning, rational development, scientific operation, made great efforts to improve the grade of the ancient city tourism scenic spots and Visibility, gradually formed gurben travel protection, restoration and develop good aspect. To further perfect town tourism overall planning for the protection, restoration and development to provide the basis. Should have overall consideration already open scenic spots and plan to develop tourism scenic spots, formulate town planning. We should deal with the protection, restoration and develop the relationship between, want to protect as the foundation, repair of high-quality curriculum tourism development, led a benign cycle. To "move", "static" union, further improve, improve town tourism content and class. To innovate the mechanism, complete facilities, try hard to form a good situation of ancient town tourism development. To establish the corresponding operation mechanism, quicken the pace of scenic spot market operation, promote the spot protection. Development and propaganda etc various work. To strengthen attractions packaging, vigorously implementing the attracting investments, accelerate town tourism development process;

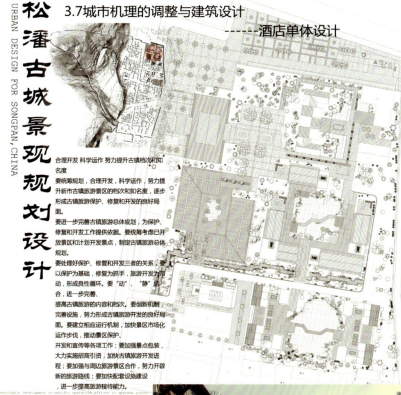

15

RESONANCE 共鸣
重庆工商职业学院合川校区景观规划设计
ChongQingGongShangZhiYeXueYuanHeChuanXiaoQuJingGuanGuiHuaSheJi

知者乐水 仁者乐山

学校：重庆工商职业学院传媒设计系　　指导老师：徐江　陈一颖　邓晓霞　　学生：刘欣　黎远芬　杨欣欣　文琦

总规的解读——思想的延续和优化
General rules of interpretation - the extension and optimization of thought

校园总体规划在校园空间的构成上延续了基地的脉络，最大限度地保护了基地的山水空间格局，并在此基础上轶开空间系统，较好地满足了师生对校园外部空间活动场所的需求。

校园景观规划延续了总体规划合理的山水空间格局和生态理念。根据空间特点区别对待，扬长补短，在不影响功能的前提下，营造林地、草地等绿地类型，积极改善师生的户外空间环境；在现状条件允许的情况下，完善水系和水体景观，提高景观的观赏性和建设的可操作性；另外应提升校园景观空间的使用价值，增加师生的户外交往场所和小品设施，营造具有人性化的空间场所。

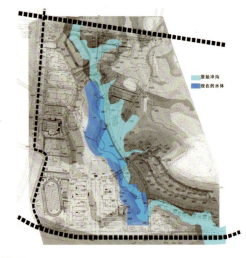

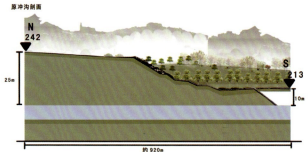

因为原始的地形的冲沟底部与建成后相邻建筑标高和道路标高差约为10米-25米，高差的原因，水的引入势必成为一个沟槽，一个地形地势变化复杂的场所，进而影响这个学校的校园建设的形象。

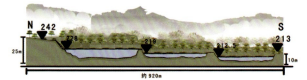

根据地形分析，水系跨越比较大本基本上贯穿校园的南北，水系的长度约为920米，校园南北的高差大约为28米，为了通过实地调查，以及根据涪江滨水线113.00，我们在湖中间设计了坝台分成两层水域，形成标高为219.00和212.5的两层常水位水系，这样总体水面面积达到6万平方米，约90亩水域面积。

用贯穿南北楔入校园的冲沟，依托地形和建筑空间格局将水系储蓄于校园腹部，积聚成湖

山体周边绿化

生态绿核　　　　　滨水绿带　　　　　绿色廊道　　　　　绿化背景林带　　　　绿园

点评人：闫英林

点　评：该重庆工商职业学院分校区设计考虑山地的环境与水系的关系，设计规划校园的各功能区，建筑群区与山势环境相协调，单体建筑设计与功能的使用在造型上有较好的信息性体现。

学校：广东轻工职业技术学院艺术设计学院环境艺术设计系　　指导老师：兰和平　　学生：何俊腾　黄兆攀　麦有民

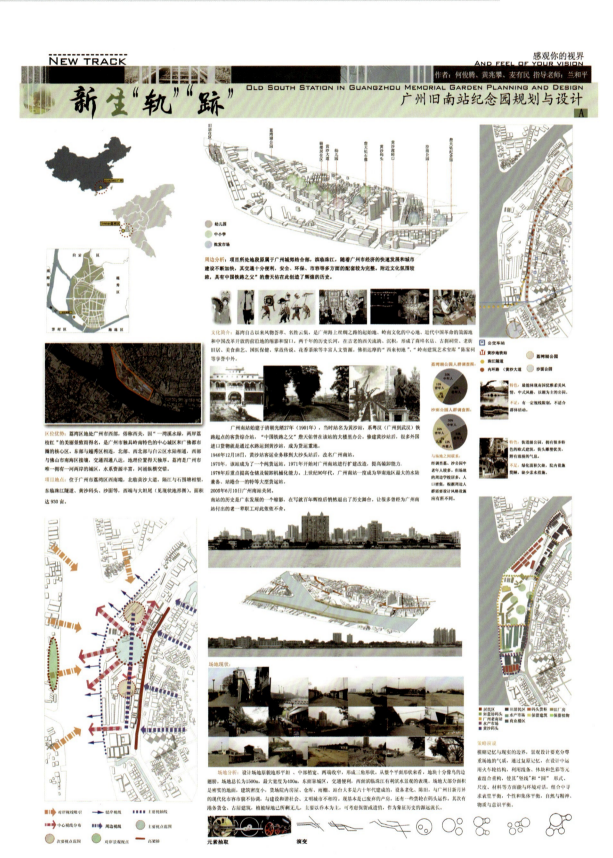

点评人：兰和平　广东轻工职业技术学院副教授
点　评：作品设计思路清晰完整，设计主题突出，内容与形式融合的很好，空间布局合理，结构清晰明确，设计形式感、尺度感很强，对场地开发利用兼顾其历史价值的体现和展示，景观构筑物造型设计丰富、功能合理、特色鲜明，图面表现艺术感染力较强，色彩搭配精到，整体协调性好。

学校：广东轻工职业技术学院艺术设计学院环境艺术设计系　指导老师：陈洲　黄帼虹　学生：郭邦楠　李龙记　周醒凤

点评人：陈洲　广东轻工职业技术学院讲师

点　评：作品关注高速路上的特殊空间节点"服务站"，选题具有一定的实际意义。方案整体性强，前期对场地的综合分析和功能性空间的理解较为清晰，提出问题、方案解决针对性较强，思路清晰，空间布局合理，尺度把握得当，图面表现效果突出，色彩协调，具有一定的艺术感染力。不足之处在于主体建筑空间应布置必要的功能分区及具体设计形式，设计深度不够，缺少必要的文字说明。

尘嚣中的回归之旅——韶关乳源天井山景观

学校：广州大学市政技术学院　　指导老师：林丹丹　　学生：孔华强

区位、场地环境与现状条件

规划区位于广东韶关乳源瑶族自治县省天井山国家森林公园内，规划用地面积200454平方米，周围平原及丘陵。雨量充沛、气候温和、日照充足属亚热带季风气候类型。年平均气温为18.4~21.7℃之间。风光秀丽，民风淳朴，被誉为"世界过山瑶之乡""世界红豆杉乡"。场地上干道连接325国道。周边都是丘陵地形。现状环境受到严重破坏，全无景观可言。森林的砍伐、污染、荒漠化等情况的出现，破坏了自然生态系统的平衡。随着人口的急剧增加，资源的大量消耗，人类的影响程度还在加剧。

改造概念

场地层级

景观结构以蝴蝶的"卵—虫—蛹—蝶"四个阶段来体现"城市未归还之前—历史性文化阶段—现代工业影响阶段—原生态阶段"四个阶段具有相对完整的结构和层级，如同有机细胞组织的层级和相互关系，不平的衡的绿地格局和分布比例都将降低总体景观的资源利用效能，体现出低碳生态是本设计实践的重要概念

改善保护土壤，预防水土流失，加强管理，避免盐分随水上移至土壤。

改造河道深浅区域高差，改善河道周围环境。

乡土树种进行群种，使植被形成自然的主要绿化构成种。这些植物种在自然界长期生存中，形成了一系列的适应当地自然环境的机制，与乡土书中作为主，积极地，合理地。引用外来种，实现造林树种多样化。

山体景结构，改造成梯形在坡耕地上沿等高线修筑一台台台面平整的台阶状田块施行农林业种植，防止水土流失修建挡土墙，加强防洪防泥石流

点评人：林丹丹　广州大学市政技术学院建筑艺术系园林专业

点　评：该设计位于广东韶关天井山森林公园内，占地面积200454m²，地形结构复杂，对于在校学生来讲，是存在着一定的难度。但该生在设计中，态度端正，不畏艰辛，实地考察，查阅资料，完成方案。整个设计以生态保护为原则，提升该区位资源价值与文化品位，以自然低碳、开发利用为指导思想，打造可持续发展景区，整体设计主题鲜明，富有创新性，是一份优秀的毕业设计。

点评人：张秋实／牛艳玲／张弢
点　评：该设计突出了以人为本的思想。整体布局合理，强化了广场作为公众中心的作用。设计中充分挖掘地方历史文化和特色，以茉莉花瓣造型作为硬质景观的基调。并遵循生态原则，植物覆盖面宽阔，整个广场设计为区域旅游、市民休闲游憩提供最佳公共活动空间和场所，提升城市品位和形象，增强城市活力。

第九届中国高校环境艺术设计专业毕业设计竞赛

中国环境艺术设计学年奖

学校：广州大学市政技术学院　　指导老师：毕辉　　学生：黄树欢

南沙区概况：
南沙原是珠江口虎门水道西侧的一群岛屿，据北魏《水经》郦注云："海在郡城南，沙湾，茭塘两司地多边海"。唐《元和郡县志》载："大海在府城正南七十里……"。"这些文字记载着明、古时的南沙是在广州以南几十里外的大海上"。到宋代以来后，珠江水在沙沙泥沉积、坦洲逐现，及岛屿周边边坡不断浮生、相连成片，慢慢形成今日之地貌。南沙的面积为五十四平方公里，呈脚掌状，中部有黄山鲁山、主峰海拔295.3米，为广州以南至珠江口间最高山峰，南沙周边地势较低，多为台地和滩涂。

南沙的地名原称沙埔，元、明时习称沙埔，因渔船、小艇多在此锚泊，故又名南湾，直至清代，人们因此地在黄山鲁的南面，才始称南沙。南沙处于珠江三角洲经济区的几何中心，位于珠江出海口虎门水道西岸，是西江、北江、东江三江汇集之处，东与东莞虎门隔海相望，西连中山市，以南沙为中心，周围60公里半径内有14个大中城市。南沙地处是区域性水、陆交通枢纽，水上运输通过珠江水系和珠江口通往国内外各大港口，海上距香港38海里，距澳门41海里。航空方面，周围有广州、香港、澳门等国际机场。

南沙地区水网密布，湖塘众多，自然环境优美。北部大多为农田耕地，南部入海口地区大多为围垦填海，自然生态保持完好。南沙地区依山环水的自然景观和底蕴深厚的历史文化也使南沙成为了一个旅游胜地。

这就是南沙。160多年前，中国近代历史在南沙揭开了第一页。金锁铜关，见证了中华民族在南沙抗击外来侵略而谱写的壮丽诗篇。今天召唤未来。今天的南沙，是广州实施"南拓"战略的龙头，是珠江三角洲实现科学发展的一颗璀璨明珠。

气候特征：
南沙气候较为温和；阳光充足，雨量充沛，年平均气温21.9摄氏度，平均年降雨量1647.5毫米。

黄山鲁森林公园介绍：
黄山鲁森林公园位于南沙中心城区内，占地面积约1200多公顷，因公园内有黄山和鲁山两大山峰而得名，其主峰海拔295米，为广州南部地区最高峰，整座山林生物植被覆盖率超过99.9%。黄山鲁森林公园的鸟类密度在全市各森林公园中最高，游客们无论在公园的哪个地方，都能听到鸟鸣声，看到众多小鸟在自由地飞翔。

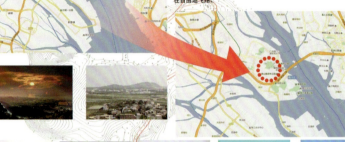

● **设计理念　目标**
本设计贯彻了"以人为本"的设计理念，始终围绕"人、生态城市、文化"的主题，把碧水廊设计，环境保护，城市绿化，文化建设有机结合起来，让南沙黄山鲁森林公园有良好的自然生态，人与自然和谐共生，城市发展与环境建设，文化建设的协调发展。描绘了南沙全新蓝图，创造羊城海上明珠崭新魅力。

● **设计原则**
(1) 生态性原则　(2) 人性化原则　(3) 艺术性原则　(4) 可持续性原则

● **设计构思**
本案设计注重风景建筑与绿地的形式，布局的结合，空间上相互渗透，绿化与景观亭台，景墙，景石，广场为界面，相互围合，通过南沙历史文化，民间风俗，结合相互的植物，营造意境。使整个景观流畅圆滑，连绵不断。采用地形高低，乔灌结合，花草结合的手法营造景观，并从景观风格上与建筑取得统一，具有中国神韵景园。从实际出发，最大限度压缩风带内部的硬质铺装面积，扩大绿化面积，仿如人依风景而眠，又彷如风景雍人行。

在功能上设置了一系列的场所供人们活动与休憩，以满足各年龄阶段的人们从事不同的活动。老人可以在幽亭或图腾景墙区，谈古论今，儿童可以在绿地，或沿湖飘带长廊，欢蹦雀跃，工作了一天的人们可以到沿湖湖风景长廊正是年轻一代的最好去处……

有人说，南沙那声声的汽笛，那缠绵的堤岸，那葱郁的树林，那翠绿的芦荟，无不是诗版灵秀的意象，如果我们用审美的取景框，将它们一一地摄进旅游者的眼帘，那一定是一幅特别迷人的风景！每天清早，繁忙的珠江，在冉冉升起的红日中斜抹出更为万顷沙绿的生活，当画面涌来小鱼船江，古老的南沙文化开始在碧水廊生长出崭新的内容，无数诗句解答为明天滚烫誓言。……这是多么优秀而神秘南沙啊，这才是一片如珠般灿烂的土地。

● **功能分区**
鼓乐广场区：结合古书《史记·封禅书》里面的一句话"民间祀尚有鼓乐舞，古者祀天地皆有乐，而神可得而礼之。"还有"黄阁麒麟舞"是番禺黄阁镇古老的民间舞蹈，已盛行一百余年。逢年过节、秋色出游，人们舞起麒麟，表达迎祥纳福，祈求风调雨顺、国泰民安的良好愿望。以"麒麟采青"为舞蹈套路，长棍武术相引，充满热烈喜庆气氛和广东韵味的锣鼓吹打乐伴奏，气势浩大，富有技艺性和观赏性。用文化来熏陶，用鼓乐来表达设计理念。金锁铜关，见证了中华民族在南沙抗击外来侵略而谱写的壮丽诗篇，今天召唤未来。今天的南沙，是广州实施"南拓"战略的龙头，是珠江三角洲实现科学发展的一颗璀璨明珠。

飘带长廊区：飘带长廊设计的主题为"人"与"水"及"森林"的接触。波浪的铺面纹路是水的象征，长廊中的树池种着棕榈便是森林意象的转型。S型长廊引导游客至棕影广场或图腾景墙区。形成一个古文明南越的缩影。"沧海桑田"四个字正好概况了万顷沙近三百年年来的地貌变迁史，生活在这块大沙田的人都是来自四面八方的劳苦大众。俗称"水流柴"。由于过去旧中国的经济，文化落后，决定了大沙田，也产生了独特的水乡民俗风情，以水来串联节点，飘带长廊起到了承接作用。

兰竹云影区：(图腾景墙区）景墙以浮雕式的表现手法，刻画出南沙的历史文化辉煌成就，让人们从中了解昔日边陲渔村，今日南沙的新风貌。

棕影广场区：通过种自然的曲线型路面和几何规矩形的井置，冲突、融合等方式引发游人的想象力和创造力，创造出一个适合大众活动、交流的空间。弯曲的流线型道路既给人以流动、悠闲之感，蜿蜒的小道则是将人个个设置好的小场景，犹如一轴画卷展示给游者。而直线道路是两点的最近距离，象征高效、迅捷的工作节奏。围腾的模拟树代表了中华民族的祝福，是幸福、成功的象征。

渔船水馨区：南沙的地名原称沙埔，元、明时习称沙埔，故又名南湾，直至清代，人们因此地在黄山鲁的南面，才始称南沙。特有的沙田生活、渔蚀地貌，特有的渔民生活，那种"早来垂钓，晚收纤"式的闲适、放松，处处透出属于南沙的美。不论是过去、现在还是未来，得天独厚的地理位置，决定了南沙特别的角色：南沙曾经是一口通海、对外往来的咽喉，南沙是镶嵌在珠江出海口的一颗南沙的重地。

幽亭覆香区：平静的湖面，仿佛只能听到柳树萧萧的声音，当游人在幽亭中憩时，可以安静的观赏湖边的景色，开阔的视野可以缓解精神上的疲劳和减轻心理压力，闻着花香，忘却过去不开心的事情，回想有趣的往事打开心灵的枷锁，释放心中烦恼的事情

● **道路分析**
本案道路以人行休闲步道为主，分为沿湖休闲步道及沿湖亲水步道，适当的位置布置连通。合理位置设置入流集散，亲水步道增加亲水设施，如游船码头头，沿湖广场等。……道旁种植浓密的遮荫植物。适当距离设置休息坐凳，休闲铺装等园林元素，合理分布休闲设施。

● **植物配置**
合理利用碧水廊岸上地资源。"以人为本，以绿为源"，绿化造景为主，建筑小品为辅。在地形绿化设计方面采用立体园林景观。主动创造地高差，形成自然的起伏，有效增加大绿化面积（斜角边大于直角边），使园林景观产生丰富的层次感，同时便于植被搭配，和大小乔木，灌木，地被植物；草坪结合：自然的园区坡度形成薇山体式落差，曲径通幽处别有一番风景，人在走，景在移，少了一份约束，感觉极为自在。在植物的选择上主要种植乡土树种，合理引进外来树种，形成多层次的植物景观。乔木，灌木，地被植物及草皮相搭配手法多样，灌木及乔木植物不谨能遮阳、吸热、减噪，而且四季变化丰富，观赏性，实用性均好。在本案景观设计中，力求每一处细节都是看得见，摸得着的真实的好品质，从精炼的品质中，品读碧水廊的光华。……读懂一份出自毕业设计的用心，无需造作。本色呈现。

在地形绿化设计方面采用立体园林景观。主动创造地高差，形成自然的起伏。有效增加大绿化面积（斜角边大于直角边），并且使园林景观产生丰富的层次感，同时便于植被搭配，和大小乔木，灌木，地被植物；草坪结合：自然的园区坡度形成薇山体式落差，曲径通幽处别有一番风景，人在走，景在移，少了一份约束，感觉极为自在。在植物的选择上主要种植乡土树种，合理引进外来树种，形成多层次的植物景观。乔木，灌木，地被植物及草皮相搭配手法多样，灌木及乔木植物不谨能遮阳、吸热、减噪，而且四季变化丰富，观赏性，实用性均好。

广州大学市政技术学院　　作品名称：南沙区黄山鲁森林公园碧水廊设计　　作　者：黄树欢
　　　　　　　　　　　　　专　　业：08风景园林设计　　　　　　　　　　指导老师：毕辉

点评人：毕辉　广州大学市政技术学院
点　评：该滨水景观设计方案从地方文化中汲取设计灵感，既使人感到亲切又使之成为乡土文化的宣传平台。整个设计实现了观赏性与实用性的统一，考虑了游人"游赏"和"坐赏"的动、静差异需求，经过特别设计的景观灯光提供了照明也丰富了游览内容。此外，作者无论是手绘表达还是电脑效果图表现都较为直观、全面地体现了其设计构思，为作品增色不少。

建筑空间景观设计

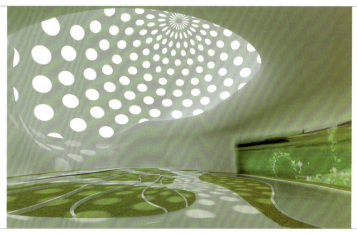

最佳概念创意奖——金奖

学校：中国美术学院艺术职业技术学院　　指导老师：陈琦　胡佳　　学生：周琼　周丽婷　周婷婷　王朋　骆晓欢　施丹薇

点评人： 闫英林

点　评： 该设计展现了老工业仓储区在现代化城市中的文化传承。其概念设计提取了仓储设施的造型元素与现代造型手法紧密结合，演绎了环境艺术与建筑空间关系，设计方案借助和利用废旧设施与新空间形式的有机重组，体现了设计团队对城市文脉发展的认识。

点评人： 陈琦　中国美术学院艺术职业技术学院讲师；胡佳　中国美术学院艺术职业技术学院副教授。

点　评： 作品《都市神经元异想》设计灵感来源于脑细胞的运动结构。在空间设计上寻求失重的自由，以"飞虹"横跨半空，将折线与曲线巧妙结合，以自然化的手法在感官与功能之间寻求平衡，呈现出一种宛若芭蕾般的叛逆与优雅并存的矛盾空间，达到若隐若现的光影效果。该作品想象大胆，思路超前，形式前卫，创意十足，为未来城市改造提供了可能的方案。

学校：中国美术学院艺术职业技术学院　　指导老师：陈琦　胡佳　　学生：周琼　周丽婷　周婷婷　王朋　骆晓欢　施丹薇

建筑空间 景观设计 — 中国环境艺术设计学年奖 — 最佳概念创意奖——金奖

间·格码头 JGMT
广州太古仓码头机动性展览建筑设计
Guangzhou swire warehouse terminal mobility exhibition building design

学校：广东轻工职业技术学院艺术设计学院环境艺术设计系　　指导老师：尹杨坚　尹铂　赵飞乐　学生：何文珠

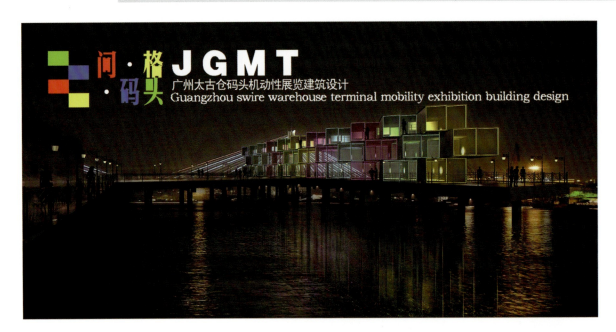

项目分析　Project analysis

场地概况

太古仓码头位于海珠区珠江后航道，邻近洲头咀和白鹅潭区域，是"广佛都市圈"的核心地带，交通四通八达，工业大道、革新路、昌岗路紧密连通，环岛路、金沙路延长线无间贯穿，人民桥、鹤洞桥、内环路、洲头咀过江隧道无缝接驳。

Swire warehouse terminals are located in the pearl river after regulation, neighboring hai chau and white sticky goose pool area, tip is a wide range of urban circle "Buddha core areas, with convenient transportation, industrial avenue, innovation road, chang hilock road closely connected, huandao road, sands, RenMinQiao, close an extension card through hedong bridge, inner loop, chau tunnel across the shuttle seamless tip.

项目规模：
用地总面积（二号丁字码头）898平方米，总建筑面积71236.1平方米（其中陆地面积约52500平方米），码头岸线312米

1. 南北格局
2. 水系格局
3. 道路系统

本案主要为太古仓码头改造一个机动性艺术展览馆。广州太古仓码头是一个近百年历史的建筑，深厚的历史底蕴。为了维护和发展进行了改造再利用，利用环保材料-集装箱，通过不同的组合形式形成的建筑外观，加上灯光系统的设计形成一处亮景。本案改造后集文化创意、展览、观光旅游、休闲娱乐等功能设施。

点评人：赵飞乐　讲师　广东轻工职业技术学院

点　评：历史感的码头，利用集装箱堆砌起的展览空间，光色交映。
本案设计利用型号为40尺柜的集装箱，通过"边与边的接触"、"面与面的接触"、"体量穿插"等模块连接形式的研究，构建成不同的建筑空间。灯光的处理是整个设计的亮点之一，红、蓝、黄、绿的灯光变换，给太古仓码头这一个百年历史的地标添加了不一样的时尚感。历史情感的延续、环保主材的应用、时尚氛围的营造，贴合本案希望改造后集文化、创意、展览、观光旅游、休闲、娱乐为一体的设计意图。

学校：广东文艺职业学院艺术设计系　　指导老师：王莎莉　　学生：许派彬　林圣超　王淑君　朱莹莹　彭燕　陈洁仪　黄红英　尤全体

紫金县祠堂街规划改造方案

项目概况

项目名称： 紫金县祠堂街规划改造方案
项目研究方向： 客家文化、客家建筑
项目地点： 紫金县位于广东省河源市东南部。古称永安，建于明隆庆六年，地势东高西低，全县八成以上为山岭、丘陵，素有"八山一水一分田"之称。

文化背景

客家称谓的由来： "客家"这一称谓，诞生于该县康熙26年（1687年）修的《永安县次志》："县中雅多秀氓，其高曾祖父多自江、闽、潮、惠诸县迁徙而至，名曰客家。"

下厚街历史： 下厚街所处地是明代的县府所在地。当初建县时，县城人口不足5000人。为了聚集人气，永安县令林天赐号召各地姓氏族人在此兴建祠堂、兴办学堂，同时为各姓族人免费提供土地兴建祠堂。后来，客家先民从福建、江西、梅州、兴宁等地迁来，几年间便在下厚街兴建了34座不同姓氏的宗族祠堂。

文化背景分析： 今天的宗祠已经没有了"宗族主义"的负面作用，只具有帮助人们寻根问祖、缅怀先祖、激励后人、互相协作的积极意义，特别是对于强化中华民族的向心力、凝聚力，对于中华民族的大团结产生巨大的促进作用。
由于客家文化是以中原汉文化为主体的移民文化，具有强烈的寻根意识与乡土意识，正是移民在离开祖居地之后所表现出来的对原有文化的眷恋。同时，也正是由客家人有很长一段漂泊流离的经历及到达定居地以后所面临的种种困境，从而锤炼出客家人善于用血缘、亲缘、地缘等各种条件建立同宗、同乡、同一文化内相互合作关系的团体主义精神。

客家精神的核心："聚"。

指导老师：王莎莉　　设计成员：许派彬　林圣超　陈洁仪　彭燕　王淑君　黄红英　尤全体　朱莹莹
学校：广东文艺职业学院　　专业：环境艺术设计　　班级：环艺5班　　项目名称：紫金县祠堂街规划改造方案

点评人： 广东文艺职业学院艺术设计系　王莎莉老师
点　评： 对于地处具有独特自然禀赋和历史积淀的客家地区的文化项目，作者深入推敲得出"饮水思源"的设计主题，并以此为线索展开设计，较准确地在直观形象中体现了当地独有的视觉符号，更可贵的是能由表及里深化形象，将"水"的特质和当地文化特质结合进行方案创作，不失为一个具有文化深度的作品。

学校：广东科学技术职业学院　　指导老师：张敏学　谢青　王蕾　梁春阁　　学生：吴茂林　刘建林　练炜诚　李锡珍　马明坚

2020在郑东新城的实验

2020 什么是未来的城市？

理念

建筑有可能改变城市么？我们说的城市不仅仅是形象，而是每天生活在这个城市中的人的生活。

在人类文明的进程中，对科学的挑战意味着体现不可见的自然规律并完成这些发现。现在，电子网络开始主导人类的活动方式并**重新构筑对时间和距离的理解**。建筑空间最初就与时间和距离的哲学密切相关，因此，现在我们正面临着一个将建筑的观点与新兴技术的概念相融合的转折时期。

在机器及其所代表的社会基础发生了如此剧变的今天，我们应该怎样理解建筑？如果建筑正在远离工业，那么她又将和城市产生什么新的关系？

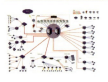

我们可以设想一种大型、多功能复合、交通便捷、环境独特的城市空间形态便应运而生，**城市变成一个个有着各自主导功能的复合小单元。彼此相对独立，但也相辅相成。**

乌托邦之城

强大的信息管理系统
随处渗透的文化休闲
和谐的人际关系
环保和可持续
一定程度的自给自足

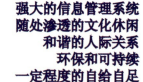

实验地块分析：

以郑东新城某一地块为例，初步具备建立城市综合体的可能。地块位于城市未来发展热点区域，未来便捷的立体式交通，城市动脉尽在掌握。

适宜建立以住宅为主导功能，商务办公为辅助功能的城市综合体。

 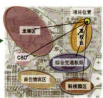 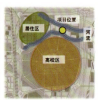

CITY OF aspiration

 关于未来

点评人：张敏学

点　评：本案设计概念—2020郑东新区乌托邦，源于对当前信息时代我国城市超速发展现状下的住区规划设计的反思，以及对传统哲学理想社会的批判和思考。方案强调功能混合、集约紧凑的城市空间设计，强调新型环保技术的运用，企望通过对居住区这一城市细胞结构与形态的探索，找寻未来城市住区的发展方向，提供回归田园意境、自给自足且舒适便捷的城市住区生活的设计可能。方案设计理念超前，整体性较强，空间层次丰富，曲线形建筑轮廓赋予了空间极好的流动性，高低错落的形体组合大大丰富了城市天际线。方案虽源于朴素的对理想社会的憧憬，但既有柯布西耶光辉城市的影子，又蕴含霍华德田园城市理论思想，且具有整体实施可能性。

学校：顺德职业技术学院设计学院　指导老师：周峻岭　谢凌峰　周炎　彭亮　学生：黎梓婷　李凯发

■ **室内效果图**

■ **总规划模型图**

在以前，人类和动物都生存在大自然的怀抱里，但时代的变迁，人类开始觉得，人类可以征服大自然。人定胜天。人类开始狂妄，開始破壞自然，又再經過時間的推移，人類開始明白到，人類和大自然都要和諧地相處。讓大自然重複生機。以前，動物都被困在籠里，人類破壞了這個生態的秩序。所以，這一觀鳥屋的目的是讓人更加地親近大自然，和保護大自然。

■ 总体规划是利用点线面的形式，观鸟屋是点，博物馆是面，行走的道路是线，把这一块串联起来达到一个吸引人去的一个休闲娱乐的空间。

空间内部由一条主要的通道，把每个分区的小空间连贯起来。像时间轴一样，讲述了崇明岛东滩的历史变迁，使大家更加了解崇明岛东滩，保护东滩的环境与生物，从而促使人与自然和谐相处共创和谐崇明岛，共创和谐东滩而每个小的空间所展示出来却是不同的历史变迁，不同的历史文化。

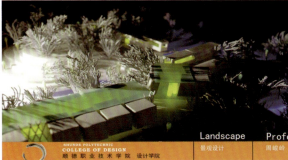

点评人：周峻岭　谢凌峰　周炎　彭亮

点　评：这个作品是一个具有创意性的物种生态博物馆，由八个集装箱构成，构成了8组效果不同的空间感受。每一间承载了相对应时间段内物种变迁，而这八个集装箱以一条时间轴为主导曲径的通道讲述了崇明东滩不同时代的历史背景，提醒人们的环保意识。在集装箱顶，使用太阳能板收集能源，以用来提供集装箱里的电能需要。对于废弃建材的二次再利用设计，具有节能环保的设计亮点，题材新颖。可实际操作性强，具有广阔的推广范围以及前景。发展模式符合现代化城市新型建筑空间景观设计的走势。

学校：黑龙江东方学院建筑工程学部　　指导老师：张剑锋　刘杰　　学生：刘欣

点评人：黑龙江东方学院建筑工程学部　刘欣老师

点　评：此项设计来源于真实的工程项目，在方案构思及表现手法上紧密围绕冰雪文化这一主题，体块推敲精准、造型富有张力、功能关系清晰，建筑与环境融为一体，通过不同季节的效果营造，展现出文化建筑的韵味及内涵。

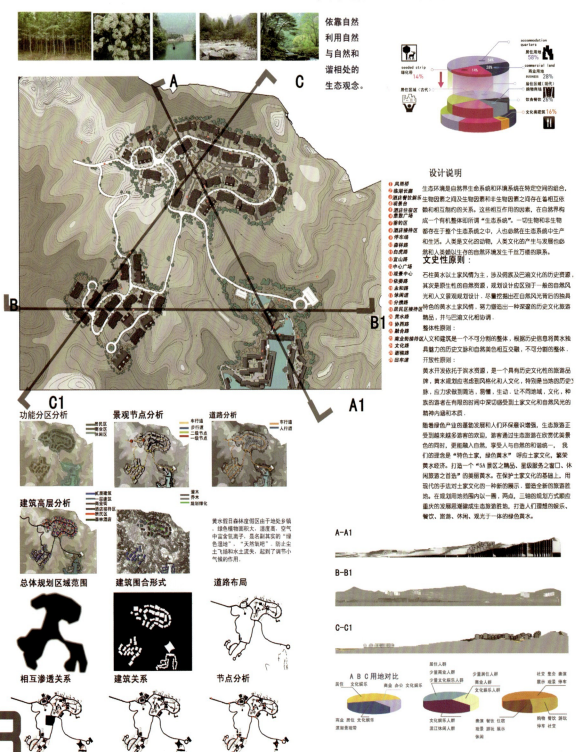

学校：重庆工商职业学院传媒设计系　　指导老师：刘更　龚芸　陈一颖　　学生：桑见　刘珏　李佩　谭振

建筑空间 景观设计

中国环境艺术设计学年奖

最佳工程方案奖——金奖

HUANGSHUI
holiday forest crosses the fake village
黄水假日森林度假区

12

碉楼是一种特殊的民居建筑特色，在中国分布具有很强的地域性，其形成与发展是与自然环境与社会环境综合作用的结果。它综合地反应了地域居民的传统文化特色。在中国不同的地方，人们出于战争，防守等不同的目的，其建筑风格，艺术追求是不同的。

吊脚楼特点

最基本的特点是正屋建在实地上，厢房除一边靠在实地和正房相连，其余三边皆悬空，靠柱子支撑。吊脚楼有很多好处，高悬地面既通风干燥，又能防毒蛇、野兽，楼板下还可放杂物。吊楼还有鲜明的民族特色，优雅的"丝檐"和宽绰的"走栏"使吊脚楼自成一格。这类吊脚楼比"栏干"较成功地摆脱了原始性，具有较高的文化层次，被称为巴楚文化的"活化石"。

单吊式
这是最普遍的一种形式，有人称之为"一头吊"或"钥匙头"。它的特点是，只正屋一边的厢房伸出悬空，下面用石柱相撑。

双吊式
又称为"双头吊"或"撮箕口"，它是单吊式的发展，即在正房的两头皆有吊出的厢房。单吊式和双吊式并不以地域的不同而形成，主要着经济条件和家庭需要而定，单吊式和双吊式常常共处一地。

四合水式
这种形式的吊脚楼又是在双吊式的基础上发展起来的，它的特点是，将正屋两头厢房吊脚楼部分的上部连成一体，形成一个四合院。两厢房的楼下即为大门，这种四合院进大门后还必须上几步石阶，才能到正屋。

二屋吊式
这种形式是在单吊和双吊的基础上发展起来的，即一般吊脚楼上再加一层。单吊双吊均适用。平地起吊式，这种形式的吊脚楼也是在单吊的基础上发展起来的，单吊、双吊皆有。它的主要特征是，建在平坝out，按地形本不需要吊脚，但由于要保持吊楼的特点，将厢房抬起，用石柱支撑。支撑用石柱所落地面和正屋地面平齐，使厢房高于正屋。

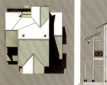

碉楼修复保护：在我国几千年的历史中，建筑作为丰富的文化沉淀下来，但随着年代的久远，有相当一部分建筑会因为各种各样的原因而损坏。按照碉楼建筑现状，按照以前的施工工艺，将碉楼修复成雌琢的传统建筑，归还其文物建筑的价值。

189

上磨村'保护与发展'修建性详细规划
EXCELLENT VILLAGE (LAST MILL VILLAGE AND CHINA)

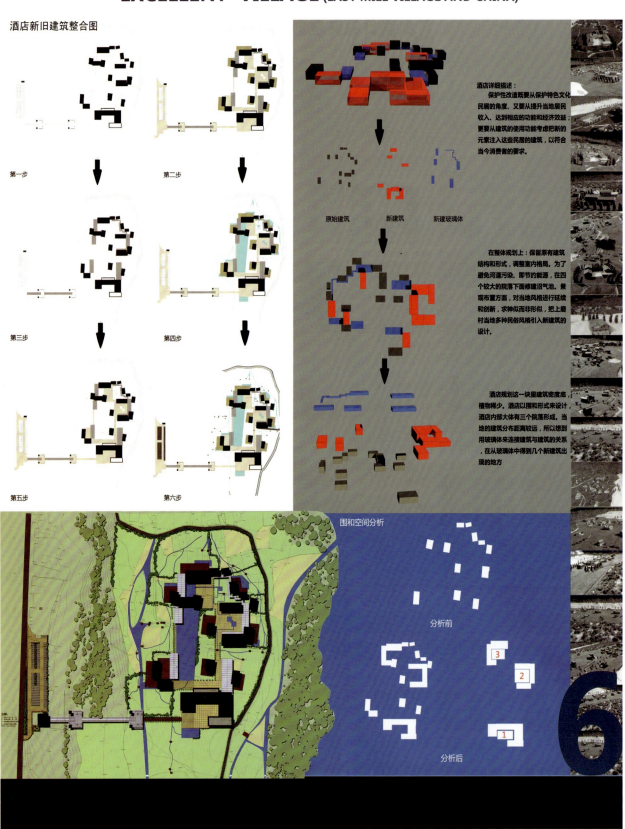

学校：广东轻工职业技术学院艺术设计学院环境艺术设计系　　指导老师：周春华　　学生：刘成荫　吴天秀　祝廷山

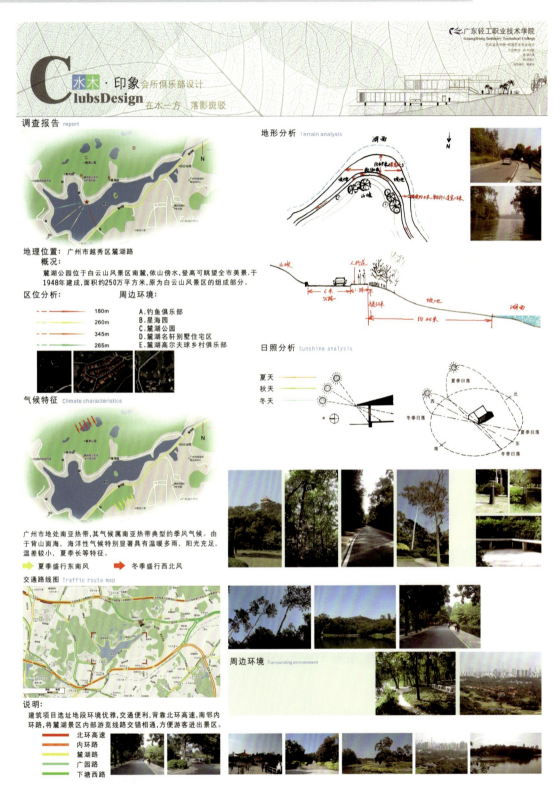

点评人： 南京工业大学工业与艺术设计学院院长　赵慧宁　教授

点　评： 该方案在对基地进行综合分析的基础上，将山水、印象、树影绿色等要素贯穿于设计理念中，建筑空间布局合理，虚实有序，建筑制图规范，室内设计富有创意。

点评人： 周春华　广东轻工职业技术学院艺术设计学院高级工程师

点　评： 水木·印象会所设计，选址是在广州市的麓湖公园。麓湖是广州最大的人工湖，这里的环境优美，位于白云山风景区南麓，登高可眺望市区全景，它依山傍水，园内山清水秀，鸟语花香。就地取材，会所设计以木影斑驳为设计主题。远观会所出水亭台，有在水一方之意，因而取名为水木·印象会所。会所的设计充分利用了地理条件，光能、风向、地理的高差。屋顶绿化，使整个建筑环保节能。社会发展是必然的，但我们不能以破坏环境为代价。设计主要为客人提供一个休闲娱乐，亲近自然的场所。但更加重要的目的是使建筑与自然和谐相处。

中国环境艺术设计学年奖

学校：广东轻工职业技术学院艺术设计学院环境艺术设计系　　指导老师：彭洁　　学生：周敏菲

点评人：彭洁　广东轻工职业技术学院艺术设计学院讲师

点　评：本套方案选址于广州白云山麓湖园区内，于湖畔筑起的是以"雨"印记为概念的主题性餐厅。空间各区域以点、线、面、体结合的手法，表现出雨落湖上的各种形态，如餐厅大堂的雨丝吊灯造型、休息区的主题墙面以及主体建筑的外立面的雨溅痕迹。时而静谧，时而嘈杂，如琴声，如私语，起伏跌宕，空间中体现出来的更多是一种宁静之感，令人仿似在空间中听雨声，抚雨痕，感受雨的丝丝话语，无声印记。

学校：浙江育英职业技术学院艺术设计与人文系　　指导老师：王琼　徐群英　　学生：林海芳

点评人：浙江育英职业技术学院艺术设计与人文系讲师：王琼　徐群英

点　评：在整体设计上能突出其文化内涵，主入口的景观做得丰富。空间规划合理满足生活上的需求，更体现以人为本。设计作品中将体现了文蕴风格派的景观设计元素，做了创新性的提炼，突显了以人为本，移步换景的独特风格。设计中的五大主题为自愈的环境，自然的环境，共同生存的环境，安全的居住环境，美丽的环境。对应大自然和生活的水之景，绿之景，光之景，土之景等这五大元素。

学校：南京铁道职业技术学院艺术设计系　　指导老师：牛艳玲　赵婧　张秋实　　学生：朱青

江苏省钟山干部疗养院

项目资料：
项目地址：江苏省南京市
景观规划设计面积：6.2万平方米
设计师：朱青

项目概况

　　江苏省钟山干部疗养院座落于南京东郊核心风景区，毗邻闻名于世的中山陵和世界文化遗产明孝陵。现要求在满足疗养、康复、治疗、体检、娱乐休闲等功能的同时，充分结合周围环境特点，把疗养院建设成省内一流的疗养基地，包含了疗养康复大楼、省级干部疗养楼、体检治疗中心、老干部活动中心、餐厅等功能，拟建地上建筑面积控制在14000平方米以内，高度控制在15米以内的建筑群，力图彰显钟山干部疗养院整体的优越环境以及极具特色的建筑风格。

① 入口广场	⑧ 高尔夫球场	⑮ 停车场
② 特色水景	⑨ 雕塑园	⑯ 休憩平台
③ 阳光大草坪	⑩ 景观钓鱼台	⑰ 游泳池
④ 景观亭	⑪ 林间木栈道	⑱ 廊架
⑤ 楼间绿地	⑫ 密林种植空间	⑲ 湿地
⑥ 休息平台	⑬ 景观石	⑳ 林荫大道
⑦ 健身娱乐广场	⑭ 树阵广场	

点评人：牛艳玲／赵婧／张秋实

点　评：作为疗养院的景观设计，在构图上充分尊重场地现状，主要运用点、线、面结合的形式，在立面上有高低层次的变化，绿地中设计的景观节点和小品使整个场所具有独特的风格，营造了一个健康舒适的自然、生态的休闲空间。大量的绿化种植与适当的硬质铺地合理结合，植物柔和的线条、斑斓的色彩给人以丰富的艺术享受。

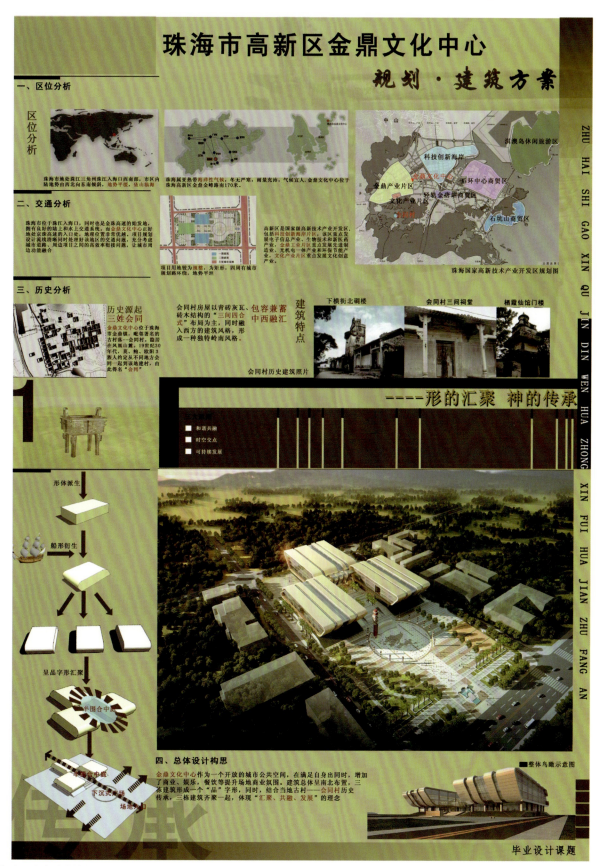

中国环境艺术设计学年奖

学校：南京铁道职业技术学院艺术设计系　　指导老师：张秋实　牛艳玲　张弢　　学生：孙乐

总平面图

规划理念：

　　设计满足了研发中心工作人员办公及居住功能的要求。既满足人们亲水、亲绿、亲邻的本能需求。在设计中充分考虑了景观的均好性和安全性，设置充分的聚会场地和交往空间；足够的休息和服务设施等；同时，绿地也达到一定的面积和空间感，使人们能暂时忘记周边的钢筋水泥建筑，融入自然，充分交往，形成良好的气氛。

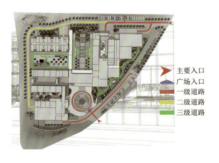

→ 主要入口
▶ 广场入口
— 一级道路
— 二级道路
— 三级道路

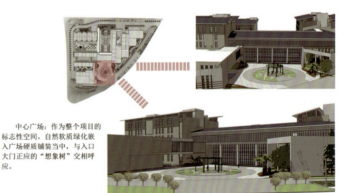

中心广场：作为整个项目的标志性空间，自然软质绿化嵌入广场硬质铺装当中，与入口大门正应的"想象树"交相呼应。

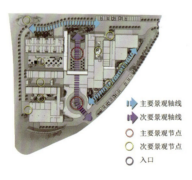

⇨ 主要景观轴线
⇨ 次要景观轴线
○ 主要景观节点
○ 次要景观节点
○ 入口

此区域为楼间共赏空间，主要用于观赏和通行，其中水体贯穿整个楼间，中间设计了一个景观雕塑，形似飘带又如水流，线条优美并与水体呼应。立面设计了跌水以丰富景观空间。

名称：南京仙林节能减排与污染控制研发中心
作者：孙乐
指导：张秋实
学校：南京铁道职业技术学院
院系：软件学院艺术设计系

点评人：张秋实／牛艳玲／张弢

点　评：该作品为一个具有科技研发性质的单位办公景观。设计注重场地的性质，构思巧妙，设计新颖。运用多种造景要素，大胆采用先进的材料以及夸张的造型，具有一定的视觉冲击力，整个设计切合主题，图面表现效果良好。

学校：南京铁道职业技术学院艺术设计系　　指导老师：赵婧　牛艳玲　张秋实　　学生：陈艳

国家能源火电节能减排与污染控制研发中心景观设计

The Landscape Architecture of R&d center of Energy Conservation and Emission Reduction and Pollution Control, Xianlin District in Nanjing, Jiangsu Province

项目概况：

国家能源火电节能减排与污染控制研发（实验）中心项目由国电科学技术研究院开发建设，建设用地位于南京市栖霞区仙林新市区鹤片区东部，在仙林大学城羊山北路与仙境路交汇处，北临南京工业职业技术学院，南邻规划中的羊山公园，西侧隔仙境路与南京邮电大学相望。该项目规划总用地面积为：21601.78平方米。本项目建设力争成为该区域的标志性建筑，对区域空间形态塑造具有重要意义。场地为矮丘陵，大体呈北高南低趋势，最大高差4m左右。

景观节点分析
1、入口旱喷
2、屋顶花园休闲区
3、廊道植物过渡带
4、职工休闲娱乐区
5、白沙带地形景观
6、屋顶花园实验区
7、热带植物温室

点评人：赵婧／牛艳玲／张秋实

点　评：该作品以一个科技研发中心为背景进行设计，充分尊重场地现状，选题巧妙，立意新颖，设计理念阐释明确，分析方法多样。设计中考虑到可持续发展的问题，融入通风、换气、排水、节能等独到的环保设计措施，紧密的切合了场地的主题。提出的景观设计对策结合了较好的造型设计、竖向设计丰富，图面表现效果良好，画面艺术感染力较强。

公共建筑室内设计

学校：广东轻工职业技术学院艺术设计学院环境艺术设计系　　指导老师：尹杨坚　尹铂　赵飞乐　　学生：梁明智

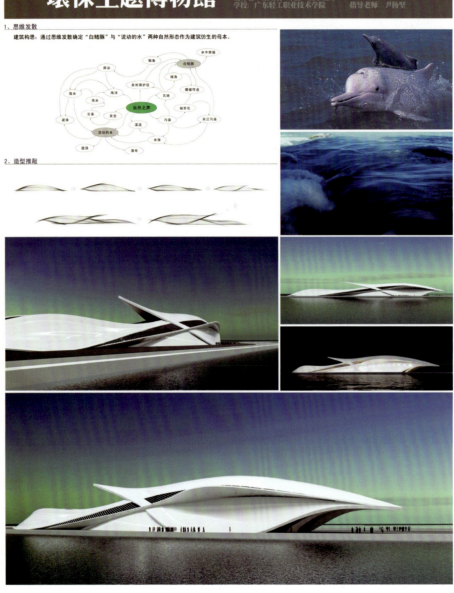

点评人：冼宁

点　评：整个设计前期调研缜密细致直观做了大量工作，设计构思巧妙，生动地运用仿生母体。通过造型的演变设计出立体而具有特色的建筑外立面。内部展示的理念新颖、展示目的明确、展示分区周到简洁，紧扣绿色设计的主题。在展示设计的具体内容上对每个区位的主题、展示内容、展示方式、观众要求以及空间节奏都把握的刚刚好。

建筑外立面的效果图、尺度感、设计感、造型上都显得很饱满，人流导向清晰，功能分区明确合理，每个展区各具特色手法新颖。在效果图表现上完整、成熟，是比赛中较为不错的作品。

点评人：赵思毅

点　评：该方案以"白鳍豚"和"流动的水"两种自然形态作为建筑仿生的母本，较好的贴合了海上环保博物馆的主题。建筑外观优美,生动,颇具想象力。室内流线、空间布局合理，通过不同的空间展示不同的主题，空间富于变化，节奏和组织方式合理，对于陈列方式的研究具有一定创意。总体而言，是一份充满想象力的优秀设计作品。

点评人：尹杨坚　广东轻工职业技术学院

点　评：该方案注重设计空间形态的系统性与逻辑性，建筑与室内一气呵成，浑然一体，表现出作者对课题有着深入全面的思考。以极具特征的当代建筑造型诠释环保主题，形态表达恰当，形式感突出，视觉冲击力强，设计手法娴熟，显现出作者深厚的设计功力。室内空间的设计以科学合理而又极富创意的设计脚本为蓝图，表现细腻丰富，空间结构简洁大气，如行云流水般自由伸展，体现作者深厚的美学修养和艺术功底。

学校：广东轻工职业技术学院艺术设计学院环境艺术设计系　　指导老师：尹杨坚　尹铂　赵飞乐　　学生：梁明智

绿色之声

设计结合再生材料表达"绿色之声"的主题。

大地之声（生物物种灭绝）

设计构思：以沉重的灰调及破碎的黑白画面营造出哀悼的气氛。

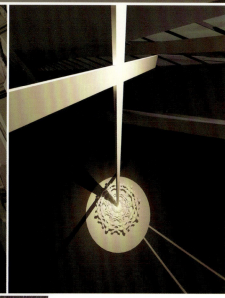

大气之声
（温室气体剧增，全球暖化）

设计构思：
1、以点、线的大量重复表达"剧增"的主题。
2、以烈火炼狱般的视觉效果夸张地展示"温室效应"。

学校：中国美术学院艺术职业技术学院　　指导老师：施徐华　　学生：姜卉　金琼霞　雍青　李正孝

融·积—低碳海洋生态馆

人类文明的恶性步伐正逐步吞噬着海洋生命，看似微观的行为已演变为多次宏观的遭遇，不同程度的损害自然界给予了不同程度的"回答"，当矛盾被激化，任何一方的消亡都会给另一方带来毁灭性的打击，因此本例案皆在呼吁，人们重新审视海洋生态的保护，影响人们对海洋盲目的认知。

融·积（意为和谐共存
关于海洋生态的保护和延续以及人类与海洋的和谐共存）

融积从五个角度来解析该场馆对海洋的注解，贯穿整个场馆的设计风格以简约现代的线性空间为主，大量运用柔和的海洋曲线来贯穿整个场馆，展示的最终目的让"你"知道"你"不知道的事。

点评人：施徐华

点　评：海洋生态专题展是通过营造海洋生态主题场景来唤醒人类对海洋生态的关注。设计者以海洋能源为切入点，对海洋生态进行系统、针对性的展示。在设计手段上采用大量声光电等高科技的展示手法来营造氛围，给参观者一个梦幻般的效果，以期达到参观、体验和教育的多重设计意义。

学校：广东文艺职业学院艺术设计系　　指导老师：李晓玲　　学生：麦杜楠　陈国华　杨辉龙　杨程丽　徐婉瑜

Children's park design
儿童游乐园设计

设计小组：麦杜楠　陈国华　杨辉龙　杨程丽　徐婉瑜
指导老师：李晓玲

簇拥

设计名称：簇拥

簇，聚集或丛凑。拥，聚到一块，本义：抱。当自然与现实的距离越来越远，人与自然久不能和谐，当孩子们不能像以前那样接触大自然，我们渴望拥抱，与大自然簇拥……所以本设计把就是以这一涵义张开我们的设计，在这个乐园中与大自然簇拥。

项　　目：这是一个面积接近一千六百平方米的仓库。临近珠江边的古老仓库。加以现代科技，做成一个低碳的儿童游戏博物馆。结合当今社会的主流与需要，做成一个仿生态的儿童游戏博物馆。

设计说明：以蜂窝为元素，用蜂窝那大地色的色彩，不规则的造型，相互交叉的蜂室来奠定整个设计。一低碳环保来构成整个设计的基础。以城市里的小孩子们生活在车水马龙的环境，几乎没机会接触大自然这样的一个文化背景来构成我们的设计。

外形是不规则的形状，没有过多华丽的装饰，大地色的外墙。俯视建筑，屋顶为蜂窝的内部结构，所采用的为太阳能电池板，极大缩小电能的消耗，倡导了低碳环保。有大大的玻璃窗，满足孩子们"偷窥"外面世界的欲望。像生活里面的土豆，又像梦里森林里精灵的堡垒。更可以尽最大的办法去利用大自然赐给我们免费环保的阳光，让我们除了有弧线型的特异外表，更有低碳环保的极大功效。

内部就像孩子们爱吃的出奇蛋一样，巧克力包裹着玩具与惊喜。这个改造后的仓库也会给你带来惊喜。里面是一个"马蜂窝"，根据现实的马蜂窝演变而来，形态各异，几乎找不出两个一样设计，甚至是两个一样的门。而内部设计也使用大量的造型玻璃窗，尽其所能利用自然光，创造一个自然环保的游乐环境。

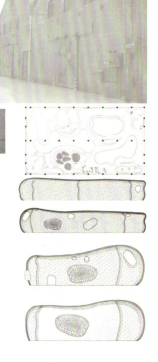

蜂窝是我们最初的设计初想，大地色的表皮，变化多样的形状，无不勾起我们同年的回忆，与大自然的簇拥……

点评人：广东文艺职业学院艺术设计系　李晓玲老师
点　评：对地处临近珠江边上的古老仓库进行改建，作者进行详细的方案前的分析。以"簇拥"来表现都市小孩对大自然的渴望，以一个"土蜂窝"来还原自然生态元素作为项目的思路展开设计，直观的体现主题思维。将自然生态的特质表现得比较到位，是一个较有创意的室内空间的设计。

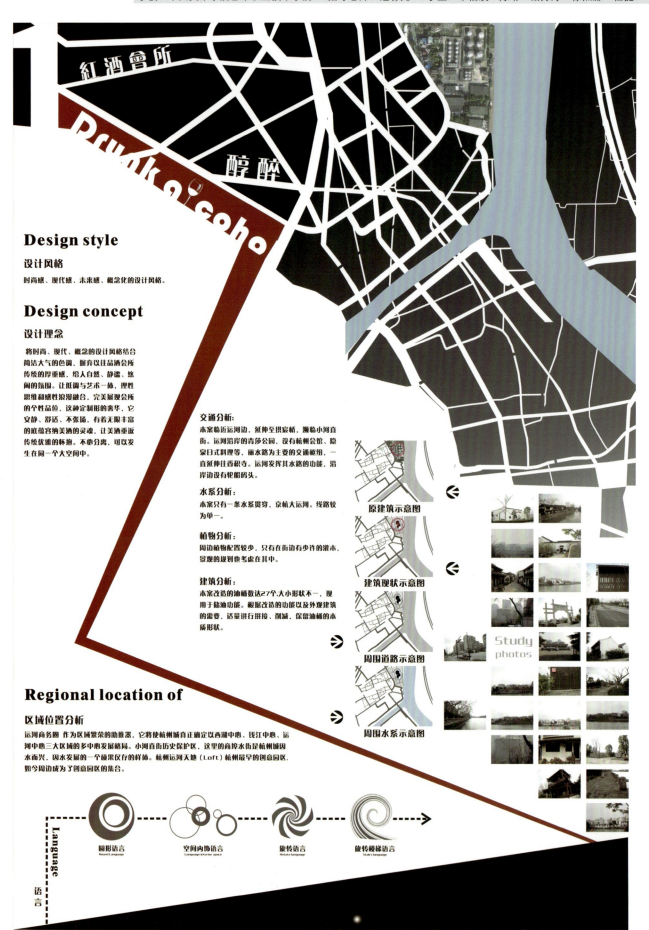

学校：中国美术学院艺术职业技术学院　　指导老师：赵春光　　学生：唐文杰　林津津　周荣武　吴析　詹俊杰

点评人：唐建

点　评：设计很好地运用了地理优势，使建筑以改造项目最重要的六个油罐，最终生成了我们所看到的建筑与形式。各空间之间有贯穿、有互动，着力从材质、色调、细节入手，组成一个个温馨、自然的空间。能处处以分析着手，注重理由的设立，实在值得圈点。

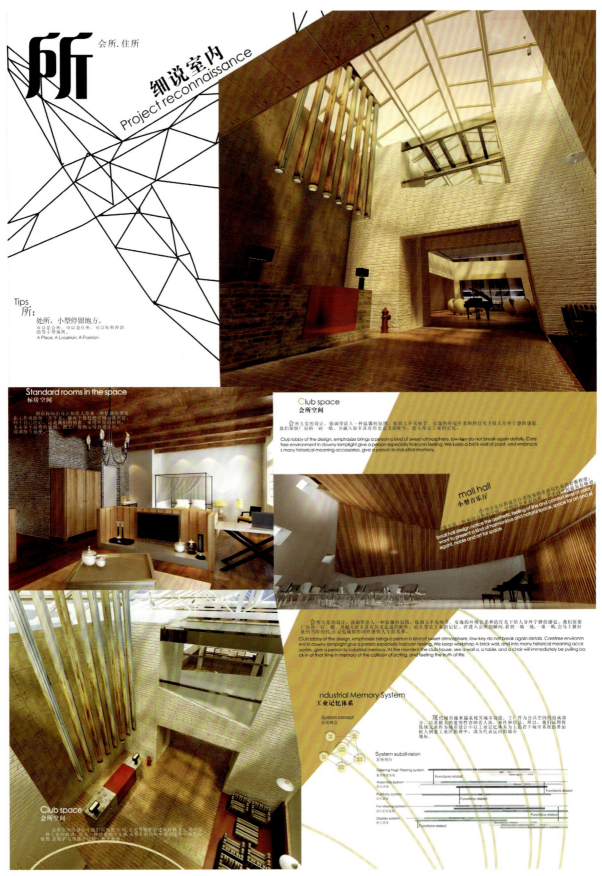

点评人：胡佳 中国美术学院艺术职业技术学院 副教授，陈琦 中国美术学院艺术职业技术学院讲师

点 评：作品《众所周知》是运河工业遗产的更新项目，其室内设计延续室外空间的工业感，强调肌理和再生，凸显机器美感之下的人性光辉，赞美人与人之间朴素自然的情感，并注入时尚元素，试图唤起人们对工业建筑室内再利用的关注。

学校：广东轻工职业技术学院艺术设计学院环境艺术设计系　　指导老师：尹杨坚　尹铂　赵飞乐　　学生：赖筠馨

点评人：尹杨坚　讲师　广东轻工职业技术学院

点　评：转眼间，辛亥革命已百年，往者已逝，待来者追忆。在纪念辛亥革命一百周年之际，有更多的声音在为如何发扬光大辛亥精神而呐喊，设计《辛亥革命纪念馆》正缘由此。

设计作品在设计逻辑的演化和视觉语言的组织上，完美地注入自己独特的设计理念和空间意识。设计的建筑外形和室内空间的形式感很强，表现技法纯熟，极富概念性。

学校：深圳技师学院设计系　　指导老师：李验　吴成军　冷国军　　学生：吴心鸿

点评人：李验　深圳技师学院设计系会展设计专业　专业教师

点　评：本案力求设计出柔美、流畅、典雅的CA红牌皮具专卖店，以干净利落的设计手法展现出时尚、华丽的个性空间。以镜面不锈钢塑造出层层叠叠的植物造型，将展示墙、顶棚和地面融为一体，虚实结合，富有韵律感。灯光层次分明，在营造出整个场景空间高贵浪漫的同时又衬托出皮包的精美婉约。

点评人：陈旋、陈纲

点　评：从古至今，中国人对春天、重生、生命力尤其重视与崇拜。本案选择了一个由寒冬凋谢逐渐到新春万物重生的过程去展示新生命，更贴切地表现出瑞红的需要和中国传统精神。本作品通过瑞红品牌对"中国红"文化的执着情感，向世人展示"中国红"的魅力。

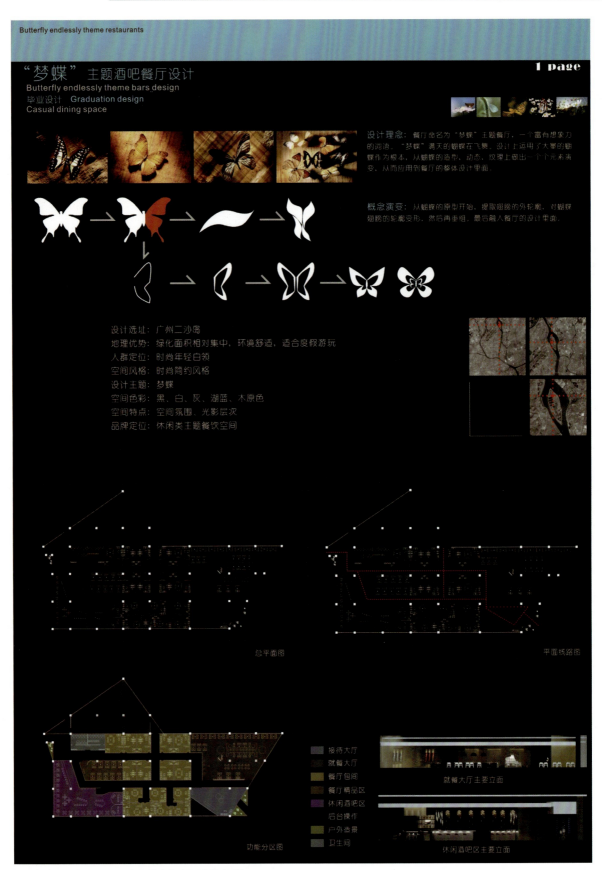

学校：广东轻工职业技术学院艺术设计学院环境艺术设计系　　指导老师：兰和平　彭洁　　学生：蔡文杰

"梦蝶" 主题酒吧餐厅设计
Butterfly endlessly theme bars design
毕业设计　Graduation design
Casual dining space

梦蝶的舞蹈————休闲酒吧区 The Butterfly dance

透过天花颜色多变的灯光设计，五彩缤纷的颜色使空间更加丰富，蝴蝶拍打着轻灵的翅膀，美丽舞姿从天而降，就象体态婀娜的蝴蝶，传递着花一样盛开的芬芳。从而整个空间充满了轻盈、活泼的感觉。

学校：广东轻工职业技术学院艺术设计学院环境艺术设计系　　指导老师：彭洁　　学生：陈惠华

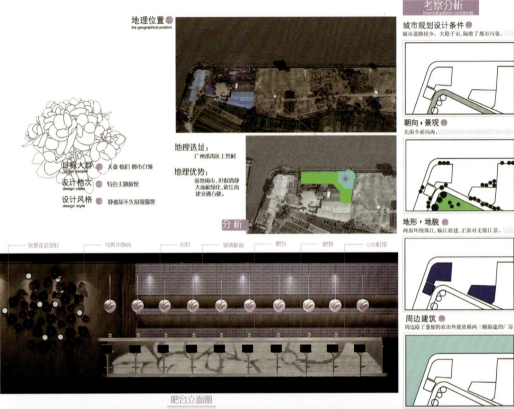

点评人：赵思毅

点　评：花韵膳宿旅馆设计方案以绣球花为主题元素，在空间中大量使用了花朵造型，设计主题明确。前期分析调研较详细。室内空间能够达到其设计之初所提出的静谧、优雅、浪漫、梦幻的目标，室内气氛处理到位，色调把握出色，图面效果优秀。但主题元素的应用太过具象，如若能够将绣球花的元素简化变体，再应用于空间之中，将会产生更好的效果。

点评人：彭洁　　广东轻工职业技术学院讲师

点　评：浪漫而魅惑、静谧而富有韵律，是花韵膳宿旅馆这个作品带给视觉上的享受。此套方案依珠江而生，处闹市却离烦嚣。极有针对性的目标人群"夫妇、情侣"，是整个设计的基调，给人以浪漫而又激情的感觉，整个空间的色调、装饰、构件紧贴概念—绣花球。迷情的紫调层叠的花瓣造型，在大厅空间表现得淋漓尽致。透光的材质与纱幔的碰撞性搭配让人体验空间的刚柔并济，柔和的淡紫光，令空间更显妩媚，贴合"花韵"这一主题。

学校：广东轻工职业技术学院艺术设计学院环境艺术设计系　　指导老师：张晓晴　　学生：梁荣涛　刘健军

点评人：彭洁　广东轻工职业技术学院艺术设计学院讲师

点　评：本案以"霏花倩影"为主题，在整个设计上以简单直线和几何造型为表现手法，大量采用花瓣作为点缀，配搭黑镜和有趣的布衣软装组合。在柔和的灯光下光与软性材质搭配让人感觉温馨而浪漫舒适。

整体空间的色调、装饰、构件紧贴概念—花。无论在视觉享受还是身体的感受都充分体现出一丝丝的浪漫和魅力，在入户大堂表现得若隐若现，散落的花瓣像一滴雨打在花池上，紧接着，纷至沓来的"啪啪"声中，无数中弹的蝴蝶纷纷从高空跌下来依然安静温暖依偎在水里，为环境增添另一份的宁静，紧贴"霏花倩影"所给人营造的氛围。

中国环境艺术设计学年奖

学校：浙江育英职业技术学院艺术设计与人文系　　指导老师：徐群英　王琼　　学生：杨春华

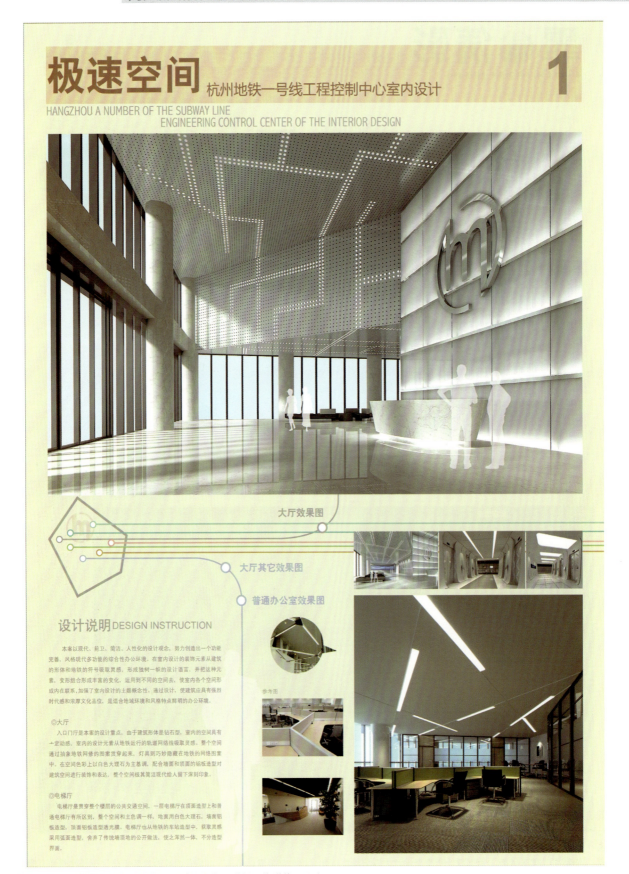

点评人：浙江育英职业技术学院艺术设计与人文系讲师：徐群英　王琼

点　评：以现代、前卫、简洁、人性化的设计观念，创造出功能完善，以现代风格为主的多功能的综合性室内空间环境。设计元素从建筑的形体和地铁的符号中吸取灵感，形成独树一帜的设计语言，并把这种元素变形组合成丰富的变化，运用到不同的空间去，使室内各个空间形成内在联系，加强了室内设计的主题性。

学校：浙江育英职业技术学院艺术设计与人文系　　指导老师：王琼　徐群英　　学生：吕振南

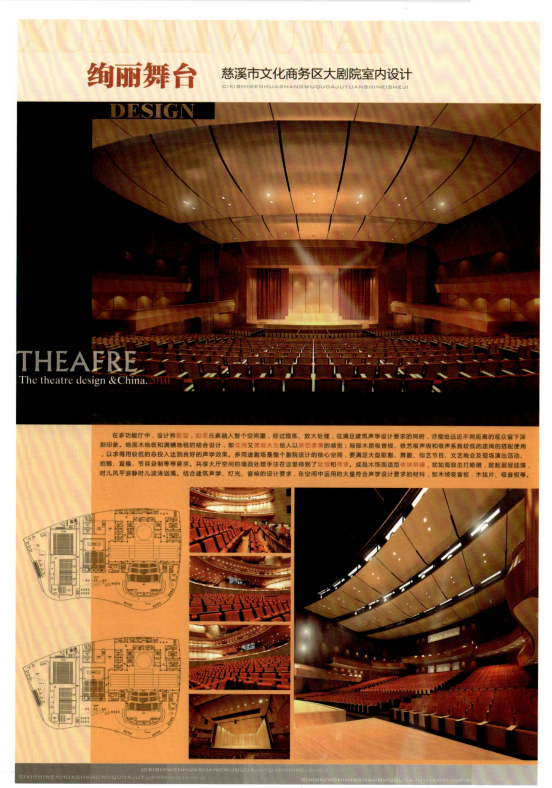

点评人：唐建

点 评：设计者的多层次的空间设计融合了文化创意、表演与体验、趣味性、参与性、娱乐性。通过对空间序列、色彩、质感的把握，结合灯光的运用，营造出了富有创意的特色空间。

点评人：浙江育英职业技术学院艺术设计与人文系讲师：王琼　徐群英

点 评："慈溪市文化商务区公建群大剧院"是公共文化建筑群中的重点项目，设计是全面融合文化创意、表演与体验、趣味性、参与性、娱乐性；提高市民科学文化艺术修养、丰富文化休闲生活的主要基地，也是集文化艺术、科普展示、教育培训、健身养生、服务咨询及商业等功能于一体的面向所有人群的文化娱乐目的地。本设计作品中体现了简洁、现代、明朗的设计元素，理性的空间凸显了公共的场所精神。整个设计空间在空间划分，功能组合，材料运用，以及色彩搭配，顶部和灯光的设计上，都体现了现代，简洁，明了，既能满足公共需求，又能体现装饰的现代与美感。

中国环境艺术设计学年奖

学校：广东轻工职业技术学院艺术设计学院环境艺术设计系　　指导老师：彭洁　　学生：张伟超　钟冠姿

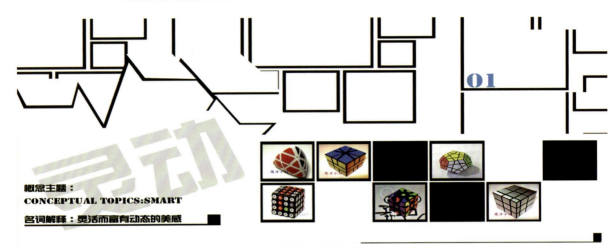

概念主题：
CONCEPTUAL TOPICS: SMART

名词解释：灵活而富有动态的美感

调查过程
COURSE OF THE INVESTIGATION

我们为何选择魔方
WHY DO WO CHOOSE CUBE

魔方不仅仅是作为一种帮助学生增强空间思维能力，更是一种休闲放松的方式和体育竞技形式，具有刺激和挑战性使越来越多的人正在重新关注魔方。我们发现如何把混乱的颜色方块复原竟是个有趣而且困难的问题，它的单体和自由组合都是一种灵活的想象空间组织。所以我们选择了以魔方为元素展开灵动的办公空间。

灵动 = ？　是否成立

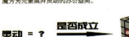

魔方原理　CUBE THEORY

魔方由26个立方块和一个三维的十字连接轴组成，它的物理结构非常地巧妙，这26个立方块由连接轴连接构成一个大的立方体，在立方体的每个面上有9个小立方块，每个坐标轴的方向上分为三层，每层都可以自由地转动。通过层的转动改变小立方块在立方体上的位置，然后利用每个个体来组织一些灵动的空间。

魔方技巧　CUBE SKILLS

转动魔方，可以使任意一个方块落到任意一个相应的位置不同位置的组合，魔方有很多种不同状态。了解魔方知识：
1.面　2.位置　3.转动方向　4.定位　5.对色
还可以通过颜色的搭配，使魔方的面呈现出各个的图案，如：L形、U形、工字形、口字形等等，这种特定的转动程序称为图案转动。

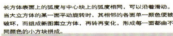

长方体表面上的弧度与中心块上的弧度相同，可以沿着滑动。当大立方体的某一面平动旋转时，其相邻的各面单一颜色便被破坏，而组成新图案立方体，再转再变化，形成每一面都由不同颜色的小方块拼成。

得出结论：魔方具有灵活性，转动性，自由性。　正好，与灵活主题相符合。

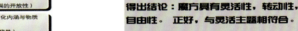

调查分析　ANALYSIS

设计构思时，需要运用物质技术手段，即各类装饰材料和设施设备等，这是容易理解的；还需要遵循建筑美学原理，这是因为室内设计的艺术性，除了有与绘画、雕塑等艺术之间共同的美学法则之外，作为"建筑美学"，更需要综合考虑使用的功能、结构施工、材料设备、造价标准等多种因素。

案例分析　CASE STUDY

创意的设计，针对建筑平面开间宽，进深窄，楼梯入口过于暴露的缺点，我们将休闲展示区布置在楼梯的前方。并创造性的采用契合魔方的形象部分作为背景隔墙，黑色氟碳喷漆钢构架虚实波到灰色板条造型墙，跳跃了视觉感受，上部使空间既有穿透性，又解决了后部走道的采光问题。

灵活空间　FLEXIBLE SPACE

魔方空间的灯光效果作为广告公司空间建筑艺术追求目标，界面、门窗的通透性是构成空间必要从属部分。将形式、质感、材料、光与影、色彩等要素汇集在一起，创造性的表达空间的品质和精神，并解决功能需求。

公共建筑室内设计（SMART广告设计办公室公司）　学校：广东轻工职业技术学院　指导老师：彭洁　学生：张伟超　钟冠姿

点评人：彭洁　广东轻工职业技术学院讲师
点　评：本方案在空间划分上充分享受"魔方"的灵活多变，空间结构打破传统的分割限制，变得更加自由随意同时又兼顾了广告公司的空间功能性，通过空间的相互渗透形成一个独具灵动特色的办公空间。

学校：广东轻工职业技术学院艺术设计学院环境艺术设计系　　指导老师：尹杨坚　尹铂　赵飞乐　　学生：黄师展

Gallery · 概念
画廊 · Concept

1 简介 introduction
概念画廊为上海M50创意园空间改建项目
属于HEA性质的综合展示空间
HEA一个不存在于字典的词汇 它是一种生活态度 一种混合型空间
以展览 公共 休闲综合性空间 突破以往画廊的单一结构空间

2 项目分析 Project analysis

创意园改造随着政策支持如雨后春笋般出现
走寻多地不同园区后发现一些存在的问题

1. 园区相互模仿 模式单一 地理位置与定位错误
2. 空间改造表面 建筑外观与内部展览脱离关系
3. 展示空间平白 陈列方式单调 与观众缺乏互动

3 规划选址 Planning location

M50创意园：上海普陀区莫干山路50号 原近代徽商代表周氏企业
信和纱厂旧址 建筑本身具有历史保护价值和关注度 适合改造
地段黄金 比邻火车站 苏州河
M50聚集较多艺术创作工作室和设计产业公司 整体艺术氛围浓厚
其产业销售链完整 市场知名度较高
上海艺术品消费力强 市场大 使其商业价值更高

周边环境　　　　　最后选定M50创意园为本次毕业设计选址

地铁四号线 METRO LINE 4
地铁一号线 METRO LINE 1
双地铁南北交汇 METRO TRANSITS
苏州河畔 SUZHOU RIVERSIDE
上海火车站 SHANGHAI RAILWAY STATION

4 建筑分析 Building Analysis

原建筑空间
改建所用仓库为双排式单层仓库
中间为平板双层的仓库建筑
原为储存货物功能 通风采光较弱 出入口单一

仓库空间改造　　改建空间
展览 活动 交流　　1. 优化空间结构 增加通风采光设置
文化交流空间　　2. 建立公共交流区域 更好服务群众
综合型建筑空间　　3. 改建为双层建筑 增加展览区域
新型画廊空间

5 地理位置分析 Location analysis

建筑位置
位于园区最深处的双排式仓库 比邻苏州河
同时临近周边生活小区 周边环境较为复杂
改建方式
1. 优化建筑结构样式 增加建筑本身吸引力
2. 设置特殊主入口通道 隔离烦乱的外部空间
3. 增加开放式公共交流区域
4. 增强建筑空间识别性标志

建筑面积 2215M²
最大空间面积 625M²

01

作者：黄师展　指导老师：尹杨坚

点评人：尹杨坚　广东轻工职业技术学院

点　评：作者充分尊重了原建筑的文化特征，植入低碳的设计概念，保留原有的建筑格局和空间结构，使建筑的文化内涵得以延展的同时，尽量降低对自然资源的利用，并通过空间的改造实现采光和通风的低能耗。随着建筑功能的变化，作者借鉴中国传统文化的表现手法，运用现代材料和艺术手段，创造出了具有中国人文气质特征的画廊空间。

学校：江西环境工程职业学院设计学院　　指导老师：欧俊锋　唐石琪　　学生：张焱平　李云云

盛世·嘉园 -- 售楼空间设计

设计说明：

整个售楼处空间的设计，不但注重精美细部空间设计，而且以独特的方式展示了"动"与"静"、"声"与"色"的环境，无论是外部空间还是内部空间，都体现了妙趣横生的创意。该售楼处分为两层，一层为销售大厅，二层为办公室区域，每个空间设计都与众不同，体现了"运动，健康，文明，和谐，尊崇"的主题。首先在满足一层销售大厅的功能上，中间部位设置子沙盘展示区、洽谈区。二者相互共享又不相互干扰，合理利用了空间。服务台造型简约，用玻璃灯片为主，简单又不失稳重，大面积的落地玻璃，视野更加宽阔，小区美景尽览无余。

点评人：欧俊锋

点　评：该售楼处在设计过程中，不但注重精美的现代设计的细部，而且以独特的方式展示了"动"与"静"、"声"与"色"的环境，无论是外部空间还是内部空间，都体现了妙趣横生的创意。售楼处分为两层，一层为销售大厅，分为沙盘展示区、洽谈区、影音区、健康管家中心、认购签约区、VIP房、卫生间及奥龙健康会总部，二层为办公室区域，有正副总经理室、会议室、销售部、财务室、规划室、档案室和接待台。在每个空间设计上都与众不同，体现了"运动、健康、文明、和谐、尊崇"的主题。特别是在室内设置了流水，与户外水景相通，好似整个售楼部都"动"了起来，在流水和背景音乐下，更是有静有动，是本设计中的一个亮点。

学校：广州工程技术职业学院艺术与设计学院　　指导老师：陈婕娴　王金瑞　　学生：冯海华

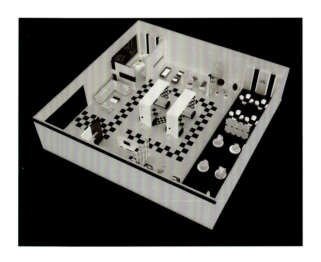

黑白色调的强烈对比产生强烈的视觉效果，白色的吊顶强调了空间的整体性，白色的家具提高了空间的明亮度。使展示空间更加宽敞明亮。

点评人：陈婕娴　广州工程技术职业学院　艺术与设计学院　环境艺术设计专业教师

点　评：该作品为家具展示设计作品，作品以"盒"为主题，意味"和谐"之意。整个设计合理运用了高光和亚光材料，并进行了合理的区域划分。使人觉得在黑白构成的空间中，也可形成独特的和谐之感。在展厅的设计中，重点放在界面的设计上，运用简单的线性元素并配合黑白之对比加以恰到好处的照明设计，使得不同的展示区的墙面以及地面构成凹凸起伏、错落有致，如光如影的画面感，突出统一与变化的设计特点。

学校：顺德职业技术学院设计学院　　指导老师：汤强　张俊竹　　学生：邹明智　黄献葵

宝玑手表旗舰店设计方案
作者：邹明智　黄献葵
指导老师：汤强　张俊竹
单位：顺德职业技术学院

寶璣專賣形象店

設計理念
本方案圍繞著品牌的風格形象來定位，利用其標誌"指針"的元素，將其元素規則性排列與感性重疊，貫穿了整個設計。純淨的白色，成為了裝點主體建築的主色調，打破產品自身的繁重感，利用簡潔的色塊與饒有趣味的外觀造型來營造一個奢華而不失時尚的高端空間氛圍。建築內部空間延續了品牌的主流色調，與建築外觀的相承接，打造一個與其不一樣的獨特空間，高調奢華、簡潔大方，讓人置身於時尚的居品生活空間。

建築外觀
整個建築外觀利用其標誌"指針"的元素，將其元素規則性排列，塊與塊的轉折、切割，圍合成一個現代時尚的空間外觀。純淨的白色，成為了裝點主體建築的主色調，打破產品自身的繁重感，幾近全通透的玻璃窗牆，極好的滿足了建築內部采光通風與建築節能的需求。

品牌定位：最奢華的樸實

如同200多年前一樣，寶璣表仍然是世界上最貴的手表之一，因為寶璣表不僅在全球享有威譽，而且它本身就是藝術品。這一點，無論在收購前還是收購后都是如此。我們的品牌定位是要達到製表行業裡樸實、含蓄的最高等級

居住建筑室内设计

学校：广西生态工程职业技术学院艺术设计系　　指导老师：罗炳华　　学生：黄达琦

点评人：赵思毅

点　评：该居住建筑室内设计方案为一处屹立在湖边的别墅，建筑造型简约，室内设计现代，二者和谐统一。其独特的采光点使其室内空间具有一定特色。室内空间纯净，对色调的把握出色，装饰和图案的运用起到画龙点睛的效果。设计没有明确表达一个统一的设计主题，但总体而言，不失为一份较好的设计作品。

点评人：罗炳华

点　评：一位女孩儿的细腻与温婉，成就了精巧又不失大气的作品。
形式感统一而简单，平直方正，色调上甚至舍弃了丰富的层次，只留下白色氛围下斑驳的线条与光影，和细看之下隐约呈现的瑰丽的点状花纹。作品充满了现代审美的思考，从中我们更能感受到作者热爱生活的情怀，以及对"简约"与"丰富"的卓越的把控能力。

居住建筑室内设计

中国环境艺术设计学年奖

最佳概念创意——银奖

学校：广东轻工职业技术学院艺术设计学院环境艺术设计系　　指导老师：彭洁　　学生：巫玉敏

点评人：唐建

点　评：设计者从概念、功能、定位上进行了大量的可行性分析，最终确定了要体现现代简约的设计风格。效果图的制作上可以看出作者花了很大的工夫，但是在家具的尺度和视点的把握上还是有一定的欠缺。

点评人：彭洁　广东轻工职业技术学院艺术设计学院讲师

点　评：居住空间对于现代人很多时候成为了一种追求。是追求优质的生活居所还是追求精神心灵层面上的满足感，这就因人而异了。广州山东口作为最具有广州粤式住宅特点的地方之一，选址在此，从地理环境（气候、气温、降水、日照）和周边环境（文化、休闲、饮食、学校）等全面考虑，为一个扩展型家庭量身定做，以现代简约中式风格表现设计概念"巢"—园丁鸟之巢。房型方圆结合，空间内并没用过多花巧装饰，在软装家具的搭配上，均选用与空间及使用人群适配的款式。整体效果统一、协调，在局部细节上，更体现空间结构的灵活变化，令家不再只是一个栖息的住所，还是一个提供能量与灵感的据点。

点评人：罗炳华

点　评：小空间，其实是个大课题。

从平面图我们可以看到流畅的动线，以及因为空间太小而对家具外形进行的曲面整合，以避免在狭小空间里的磕磕碰碰，加上很多造型的圆角，使得这个小居室不再显得那么局促，设计上没有更多的花俏之处，但是足够了，平和的语言，完善的空间处理和人体工学，演绎了这个小空间的大关爱。

学校：广西生态工程职业技术学院艺术设计系　　指导老师：罗炳华　　学生：杨小丽

点评人：罗炳华

点　评：红砖的亲切与随意，温暖的色彩，是营造氛围的良好材质。抓住了这一轻松和惬意的诉求，其他的设计语言水到渠成。整体感很出色，设计表达也很流畅，除了对红砖的感念这一主题，整个空间再没有其他刻意安排的元素，只有朴素的暖白色，展开了一派田园牧歌式的风情画卷。

学校：黑龙江东方学院建筑工程学部　　指导老师：李岩　张梦　　学生：佟金玲

点评人：指导老师：李岩（讲师）；张梦（讲师）

点　评：本设计为教师科研项目的子课题，本次设计研究，学生在广泛调研的基础之上，借鉴中外室内大空间设计经验，运用现代设计理念，使空间在流线中产生，空间的相互对话使流线自然生成。设计清晰合理，引导性强。

学校：广东文艺职业学院艺术设计系　　指导老师：尹杨平　　学生：林小艳

我的美好生活

PartA 概念思考

设计依据

广州是一個经济贸易中心人口众多的城市，不仅轻工业与重工业的需要大量的人员与资源，而且对城市的污染有很大的影响。聚居群体成为了热点。租房环境问题很可能是他们在这个城市生存所需要考量的问题。

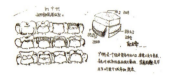

选题理由

面对将要毕业的大学生们，父母们为他们在异地城市工作，住宿，饮食等方面都相当的担心，希望能找到好工作的同时，又能有安全舒适的居住环境。大学生们都希望找到工作的公司的环境是满意的，但现实中的环境却不能如意……

设计说明

以打工一族的居住环境研究，了解他们对生活的要求和经济的状况。明确了他们需要一个合理的居住条件，能够满足自身的生活方式。试图通过这样的需求来定义出他们需要环保型的家居环境再注入模块化的家具，使他们在居住空间里组合出自己喜欢的家居场所。

设计主题

"我的美好生活"是追求比梦更美的生活。对于打工者来说，能买到自己喜欢的房子，无疑要赚很多钱才能买到。在经济条件不与许的情况下，寻找一种不需要花很多钱，又能达到比较好效果的家居环境。变化多样的模块化家居生活给居住者带来不同的感受。

调查分析——调查大学生毕业居住环境

调查人群：设计类毕业大学生

主要聚居于城乡和近郊农村，形成独特的"聚居村"。大学生主要居住方式分为独居和合租方式，从刚毕业的大学生经济情况来看，哪种居住方式适合他们呢？

独居的优点：私密性强，空间功能性好，活动空间大，免打扰，采光性好
独居的缺点：租金贵，缺少安全感（不熄灯休息）
合租的优点：租金便宜，有安全感，有交流，平分水电费，有功能性良好。
合租的缺点：私密性不强，收纳空间少，生活空间窄，采光性差没有独立的工作空间

设计类工作者居住生活上的工作习惯

1) 工作时间长，晚上要加班　　2) 通宵工作
3) 工作压力大，缺乏交流　　　4) 睡觉不关电脑，辐射大
5) 常年开空调，室内外温度差异大　6) 喜欢晚上思考
7) 静静看书　　　　　　　　　8) 听歌工作
9) 独处　　　　　　　　　　　10) 热闹

结论

由此可见，毕业生的居住环境还是以合租的生活方式，设计者的居住方式对人生活上的一些工作习惯是有联系的。由于租金的昂贵，生活作息的时间的不稳定，工作量大，没有很好的锻炼身体缺乏交流，使人在生活质量上没有保障，所以在设计中，提出以合租的生活方式解决居住问题。

点评人：广东文艺职业学院艺术设计系　尹杨平老师

点　评：随着中国社会城市化等一系列结构性因素的变化，越来越多的大学毕业生选择在大城市就业，作者作为其中的一员，意识到离开了校园的配置齐全的住宿公寓，出租屋将成为他们的栖身之所，同时这些初踏入社会的毕业生虽然收入并不丰裕，却对居所有较高的要求。该作品就是在这一背景下展开，有针对性地从人群的生活方式入手，力图为他们打造一个既经济又能满足其生活模式的美好居所。

学校：广西生态工程职业技术学院艺术设计系　　指导老师：罗炳华　　学生：黄丽娜

秋 韵

2008级室内设计毕业设计

指导教师：罗炳华　　　　　　　　　　室内082：黄丽娜

广西生态工程职业技术学院艺术设计系

设计说明

此方案是一套别墅的家居设计，主要居住的群体为四口之家，别墅共为2层，第一层主要由玄关、客厅、吧台、厨房、卫生间构成，第二层主要由主卧室、两个子女房、公共卫生间、储物房构成。整个空间强调整体性、风格的统一性。根据不同功能对相应的房间立面作出处理方案，提倡自然简洁和理性的规则，比例均匀、形式新颖、材料搭配合理、收口方式干净利落、维护方便。整个内部结构严密紧凑、空间穿插有序、围护体各界面要素的虚实构成要比较明显，通过虚实互换的空间形象，取得局部与整个空间的和谐，强调空间的完整性和高贵、典雅感。

点评人：罗炳华

点　评：秋，不仅仅是季节的称谓。秋天，代表着收获、成熟与缤纷的色彩。
遍布四周的落地窗，四季的景色尽收眼底，大户型的宽敞与廊落，设计师控制得游刃有余。对秋天的喜爱，使得设计师的情感在设计中不断涌现，成功地在空间中展现了秋天带给人们的欣喜与蓬勃的生机。

学校：黑龙江东方学院建筑工程学部　　指导老师：赵立恒　张梦　　学生：范德利

哈尔滨科技创新大厦室内设计
Harbin technology mansion interior design

四季花园大厅效果图

在当今生活节奏加快、市场经济活跃、科学技术日新月异的社会里，人们对科学的认知和探索欲望逐渐增强，科技展厅在社会中的地位越发的突显出来，而四季厅做为科技展厅的枢纽，它的使用功能、布局流线、美观造型、经济实用的要求也变得更加严格，它可以让人们在轻松的环境下去探索科技的奥妙。

拦河细部

哈尔滨科技创新大厦室内设计
Harbin technology mansion interior design

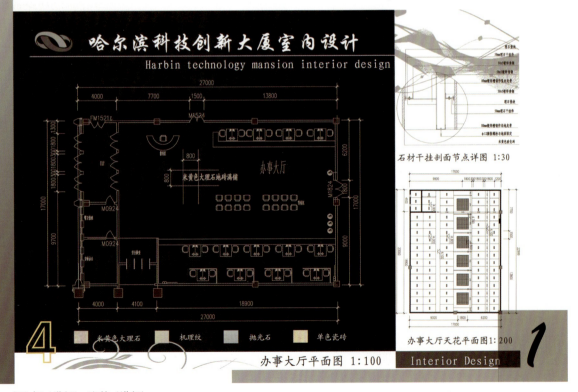

石材干挂剖面节点详图 1:30

办事大厅平面图 1:100

办事大厅天花平面图 1:200

点评人： 赵立恒（讲师）；张梦（讲师）

点　评： 这是一个以实际项目为研究目标的毕业设计作品，作品在设计手法上，其空间和形式均利用简化符号，以追求更纯的设计形式。方案从材料、形式、构思等方面进行深度设计，是一个有创新意识的毕业设计作品。

学校：广东文艺职业学院艺术设计系　　指导老师：任鸿飞　　学生：李秋菊　吕丽彬

点评人：广东文艺职业学院艺术设计系　任鸿飞　讲师
点　评：本方案采用蜗牛的外形和手指纹的显变为建筑元素，建筑后部运用百叶窗的构造方式，解决室内的通风和遮雨的功能，整幅落地玻璃墙体，让室外景观引入室内，室内外无界。方案中，作者对当下所倡导的低碳、绿色的设计潮流进行思考和实践，显示作者良好的设计素养。

学校：广东轻工职业技术学院艺术设计学院环境艺术设计系　　指导老师：尹杨坚　尹铂　赵飞乐　　学生：黄健

流溪小筑 居住空間設計
—— 探究建築、人、自然三者的整合，一個理想人居空間。

Riverside Villa Design for living space
Explore the integration between architectural, human and nature a dream living space

項目介紹
Project Presentation
流溪小築，坐立于流溪河旁，其構成簡單、直接。在這里，自然每天為小築展露不同的面貌，小築為人們提供好的居住環境，人們則通過思想改善環境。她們為探究理想居住空間不斷努力著。

基地概況
General Overview
流溪河地處亞熱帶，氣候溫和，雨量充沛，資源豐富，物種繁多。臨近流溪河國家森林公園。其年均氣溫20.3攝氏度，平均最高氣溫31.9攝氏度，平均最低氣溫11.8攝氏度。年降雨量平均2000毫米。由於山高林密，加上有湖光山色調節小氣候，因而形成了這里獨特的自然環境。

■ 廣州市流溪河環境格局

場地分析

PART 1：当地交通
流溪河位於從化市北部與良口鎮相連處，距廣州93公里。105國道貫穿流溪河及其周邊多個重要旅遊景區。

PART 2：人文
早於五、六十年代，黨和國家老一輩領導人劉少奇、周恩來、朱德、陳毅、陶鑄、郭沫若等曾先后到此地觀光。陳毅曾五游流溪河而不厭，並賦詩讚曰："評比嶺南風物，景色此間多"。

PART 3：自然景觀
流溪河自源頭呂田鎮至白坭河口，幹流全長156公里，流域面積2300平方公里。其中流溪湖面積1146公頃，蓄水量3.6億立方米，水深約70米。在碧波萬頃的湖面上，分佈著大小二十二個島嶼。在流溪河東南面的國家森林公園，聳立著五指山、牛角山、雞枕山等海拔千米以上的山峰共六座。

PART 4：生態資源
流溪河提供廣州市70%居民飲水，因而被譽為廣州的母親河。東北部的流溪河森林公園內有被子植物134科401屬891種。近年還引種國家珍稀頻危保護植物100多種；陸生脊椎動物24目61科158種。

構思分析
Idea Of
1：設計目的：探究建築、人、自然三者間的整合，尋找一個理想人居空間。
2：反思居住空間：過去20世紀是一個以城市中心生活為標誌的世紀。人們絕大多數居住於高樓林立，冷清壓抑的混凝土住房當中。因此21世紀的人們或許都厭倦了都市的喧鬧、壓抑快節奏的城市生活，而更傾向於居住在自然中去。這意味著舒緩、安寧，是一種更理想的居住空間。
3：項目定位：人、自然與建築和諧共處的高層次居住格調與生活品質的人居空間。

点评人：唐建
点　评： 设计者着力想营造他心目中的远离都市喧闹、回归自然的理想居住空间——流溪小筑。其周边山林地貌奇特，春夏秋冬都各有一番韵味，在这个选址创造一个与自然对话的建筑与室内空间，每个角落都洒满了宁静、舒缓……

点评人：郭承波
点　评： 作品将中国传统的天人合一的设计理念充分运用到设计中，无论从建筑布局还是室内空间都很好地和周围环境充分的结合起来。并能够将室外的环境、景色引入到室内，充分地体现了建筑融于自然与自然共生的设计理念。空间的尺度和色调、材料都把握得很好，唯独建筑外观的体量关系略显单薄，厚重感不够。

点评人：尹杨坚　广东轻工职业技术学院讲师
点　评： 该作品不仅反映了作者扎实的专业基本功，更能从课题选择的实际角度出发，因地制宜地探索"人——自然——建筑"三者和谐的理想居住空间模式。能够学有所用，用有所想。从设计构思到室内外空间的设计表现，作者都将其表达得淋漓尽致，其中更不乏细节的表达与表现，无论从学生的角度，还是专业的角度，无论从主题到设计还是表现，这都是一个优秀的设计作品。

学校:广东轻工职业技术学院艺术设计学院环境艺术设计系　　指导老师:尹杨坚　尹铂　赵飞乐　　学生:黄健

中国环境艺术设计学年奖

居住建筑室内设计 最佳工程方案——金奖

空间表现 Rendering

逃離城市間的喧鬧吵雜,在流溪小築中放鬆身心,悠然自得。

观林小房

客房

西南立面

东北立面

东北立面

东南立面

东南面鸟瞰

ENDING

小築的故事到此結束,但探索理想居住空間的路還很長。未來會怎麼樣呢?敬請期待……
Be continued…

233

居住建筑 室内设计 最佳工程方案——银奖

中国环境艺术设计学年奖

学校：广东轻工职业技术学院艺术设计学院环境艺术设计系　　指导老师：彭洁　　学生：梁家晟

点评人：彭洁　广东轻工职业技术学院艺术设计学院讲师

点　评：本方案以现代的简洁与中式传统相结合，整体效果统一，协调。在设计上，作者认真推敲空间功能的合理性，营造了一个空间划分合理的舒适住宅空间。方案运用了栅格，祥云等经典的中式元素，切合新中式的主题，一改以往传统中式风格的繁琐与庄重，力求简洁时尚，使每个空间既富有现代感，又不失文化沉淀。

学校：广州工程技术职业学院艺术与设计学院　　指导老师：王金瑞　陈婕娴　　学生：卢文就

点评人：王金瑞　广州工程技术职业学院 艺术与设计学院 环境艺术设计专业教师
点　评：在本方案中作者对阿拉伯风格的特征把握较好，随处可见的阿拉伯手工布艺，各式拱门，镂空花窗，精美的装饰纹样，暖褐色木纹等，把阿拉伯风格中精美、细腻、温馨奢华而典雅的种种风情都演绎得淋漓尽致，设计手法相对成熟，语言丰富。对样板房空间的设计要求等也把握较好。

学校：广州工程技术职业学院艺术与设计学院　　指导老师：王金瑞　陈婕娴　　学生：林婷婷

简欧 ■ 珠江帝景住宅

设计说明

本设计服务对象为严先生一家三代人，既要华丽又要简朴，简欧的风格典雅，自然，高贵，有着一种低调淡雅的华；既满足了对生活高品位的追求又能在纷扰的现实生活中找到安逸。入口处的花园更是能隔绝着繁杂多变的世界，打开门就与大自然亲近着，使人身心舒畅，感到宁静和安逸，简单的石膏线造型配合欧款壁纸，简单大方淡雅。

地面布置图

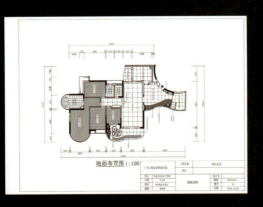

天花板布置图

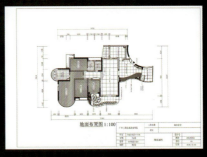

平面布置图

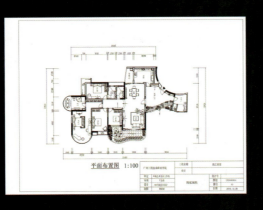

—01—

设计者：林婷婷　　班级：08环艺一班
指导老师：王金瑞　　广州工程技术职业学院

点评人：王金瑞　广州工程技术职业学院　艺术与设计学院　环境艺术设计专业教师

点　评：在本方案中作者把空间定位为简欧风格，设计自然典雅而又高贵，有一种低调淡雅的奢华；既满足了客户对生活高品位的追求，又能在纷扰的现实生活中为其提供一个舒适而安逸的家。入口花园的精心处理，让客户轻易地就能接近自然。

学校：广州大学市政技术学院　　指导老师：程郁　　学生：张浩鑫

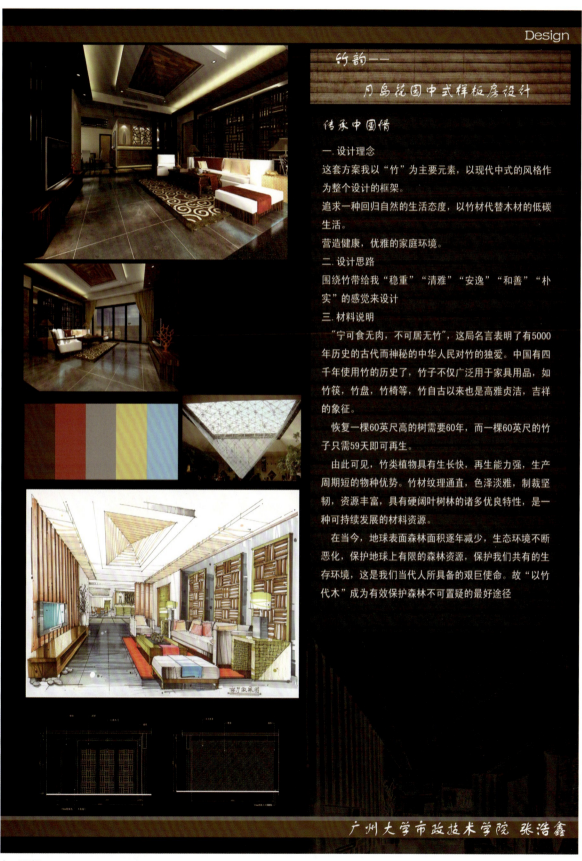

点评人：程郁

点　评：该作品讲述的是生活中最为本色和纯真的部分，这样最能反映出设计师对生活的理解和体会，一千个现代简约，就有一千个设计，然而优秀的设计师，却只给主人独一无二的感受，本案中简洁明快和大气通透的设计手法中，更多的增加了简约给人本真的美感，没有冗余的描述和累赘的构想，总会在精致的恰如其分的比例中，看得见生活的原貌，原来是这样的令人向往。

学校：江西环境工程职业学院设计学院　　指导老师：刘定荣　龚宁　　学生：罗曼

餐厅效果图

设计说明

简欧风格是近来比较流行的一种风格，追求时尚与浪漫，非常注重居室空间的布局与使用功能的结合，室内布置整体设计就两字概括简约，这样的室内崇尚少即是多，装饰少，功能多，十分符合现代人渴求简单生活的心理，因而很受那些追求时尚又很不受约束的80后青年人所喜爱。针对上班族的业主，采用简约明朗的线条，将空间进行了合理的分隔。面对扰攘的都市生活，一处能让心灵沉淀的生活空间是业主所追求的，因此，开放式的大厅设计给人以通透宽敞的感觉，避免视觉给人的压迫感，可缓解业主工作一天的疲惫，没有夸张，不显浮华。

主卧室效果图

丽水佳园设计方案

江西环境工程职业学院
作者：罗曼
班级：08室内设计班
指导教师：刘定荣、龚宁

客厅效果图

点评人：刘定荣／龚宁

点　评：该作品是以简欧风格为主题，设计者充分应用了现代简欧的各个设计元素。以象牙白为主深色为辅的配色，造型饱满却不繁琐，使得整个空间充满了豪华、优雅、和谐、舒适与浪漫的感觉，作品在整体的空间划分与布局上也较符合中国人内敛的审美观念。

学校：闽西职业技术学院资源工程系　　指导老师：江星　　学生：伍麟超

点评人：江星

点　评：本方案整体设计思路清晰，图纸表现力较强。从建筑外观设计上看，能合理运用三大构成中的基础知识进行点线面的设计，其设计无论从色彩搭配、结构造型及用材上都颇具时尚感，符合年轻人的审美观。从建筑空间设计上看，功能空间设计较合理并富于变化，基本能满足学生生活的需要，美中不足之处在于室内设计风格统一方面存在些许欠缺。

居住建筑室内设计 — 最佳工程方案——铜奖

中国环境艺术设计学年奖

学校：成都艺术职业学院环境艺术系　　指导老师：申莎　　学生：曾朝贵

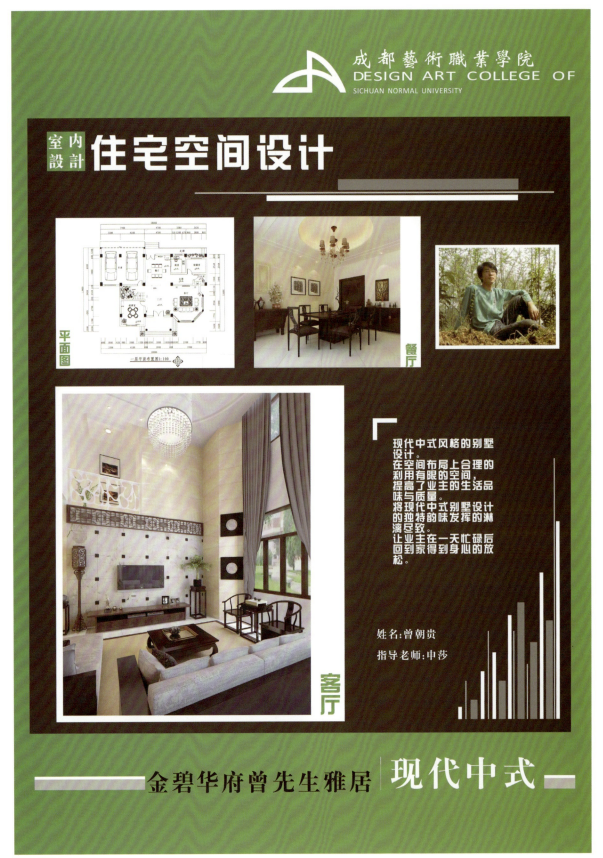

点评人：成都艺术职业学院环境艺术系讲师　申莎

点　评：本设计方案将中式和现代设计风格很好地结合在一起，突出了设计亮点，材料的综合应用很到位，打造出现代中式的特色。特殊的吊顶与立面的造型相辅相成，整个空间给人的感受不再是孤立存在而是统一协调的，隔断的特殊处理也使得别墅开阔的面积得到充分利用，将空间分割的更加合理。

学校：江西环境工程职业学院设计学院　　指导老师：黄金峰　唐石琪　　学生：张媛媛

嘉兴汇龙苑

本套方案将传统与摩登，物质与文化，怀旧与时尚相柔和，彰显出一丝神秘的东方神韵。依据收集资料分析客户定位，男主人是一位人民教师，其父曾是大学教授现已退休，可以说是书香世家。本套住房就是男主人为其退休的父母装修的，故设计上尊重其父的喜好，采用直线条、规则对称、凹凸等结合现代的手法，与大自然色系搭配，去表达空间展现其品位。将中式元素经演变后用现代的手法来呈现。

点评人：黄金峰

点　评：本套方案抓住客户的特点，把大学老教授那种文人气质、爱好、品位表现得淋漓尽致。我们做设计不一定要多么华丽多么新奇，最关键就是抓住客户的需求，让客户觉得这就是为他（她）专门设计。这套方案还有个亮点就是把古典和现代元素很好的结合，既显文化品位又显清爽，干净利索，让人越看越有味。

图书在版编目(CIP)数据

中国环境艺术设计学年奖:第九届全国高校环境艺术设计专业毕业设计竞赛获奖作品集/中国环境艺术设计学年奖组织委员会编.—北京:中国建筑工业出版社,2011.10
　ISBN 978-7-112-13707-7

　Ⅰ.①中… Ⅱ.①中… Ⅲ.①环境设计-作品集-中国-现代 Ⅳ.TU-856

中国版本图书馆CIP数据核字(2011)第213354号

责任编辑:张　晶
责任校对:陈晶晶

中国环境艺术设计学年奖
第九届全国高校环境艺术设计专业毕业设计竞赛获奖作品集
中国环境艺术设计学年奖组织委员会　编
*
中国建筑工业出版社出版、发行(北京西郊百万庄)
各地新华书店、建筑书店经销
北京嘉泰利德公司制版
北京方嘉彩色印刷有限责任公司印刷
*
开本:880×1230毫米　1/16　印张:16　字数:500千字
2011年11月第一版　2011年11月第一次印刷
定价:135.00元
ISBN 978-7-112-13707-7
　　(21454)

版权所有　翻印必究
如有印装质量问题,可寄本社退换
(邮政编码 100037)